コンクリート構造診断工学

魚本健人・加藤佳孝 [共編]

Ohmsha

［編者・執筆者一覧］

編　者　魚本健人（東京大学名誉教授，芝浦工業大学）
　　　　　加藤佳孝（東京大学生産技術研究所）

執筆者　魚本健人（芝浦工業大学）
　　　　　加藤佳孝（東京大学生産技術研究所）
　　　　　勝木　太（芝浦工業大学）
　　　　　栁内睦人（日本大学）
　　　　　出雲淳一（関東学院大学）
　　　　　恒國光義（東電設計株式会社）
　　　　　伊藤正憲（東急建設株式会社）
　　　　　迫田恵三（東海大学）
　　　　　槇島　修（飛島建設株式会社）
　　　　　野村謙二（中日本高速道路株式会社）

本書を発行するにあたって，内容に誤りのないようできる限りの注意を払いましたが，本書の内容を適用した結果生じたこと，また，適用できなかった結果について，著者，出版社とも一切の責任を負いませんのでご了承ください．

本書は，「著作権法」によって，著作権等の権利が保護されている著作物です．本書の複製権・翻訳権・上映権・譲渡権・公衆送信権（送信可能化権を含む）は著作権者が保有しています．本書の全部または一部につき，無断で転載，複写複製，電子的装置への入力等をされると，著作権等の権利侵害となる場合がありますので，ご注意ください．

本書の無断複写は，著作権法上の制限事項を除き，禁じられています．本書の複写複製を希望される場合は，そのつど事前に下記へご連絡して許諾を得てください．

　　(株)日本著作出版権管理システム（電話　03-3817-5670，FAX　03-3815-8199）

JCLS ＜(株)日本著作出版権管理システム委託出版物＞

はじめに

　高等学校や大学の土木・建築系の学科・専攻で学ぶ各種の科目のうち，「コンクリート工学」や「鉄筋コンクリート工学」では，従来，維持管理に関する授業はほとんど行われてこなかった．多くの学校では新しくコンクリート構造物を設計・施工するための勉強が主で，完成後の維持管理に関する問題は研究の対象にこそなれ，授業の一科目にはなっていないことが多い．

　今日，我が国の社会基盤は 1964 年に行われた東京オリンピック以前と比較すると格段に整備され，社会基盤を形成している膨大なコンクリート構造物は市民生活になくてはならないものになっている．多くの人々は，これらの構造物は今後何十年も安全に使用できる構造物であると信じている．しかし，小林一輔先生の「コンクリートが危ない」（岩波新書）で，コンクリート構造物の安全性に問題がある場合があることが指摘され，国会等でも種々の議論がなされた．また，阪神淡路大震災（1995 年）や山陽新幹線の福岡トンネルでのライニングコンクリートのはく落事故（1999 年）など，マスコミにも大きく取り上げられ，維持管理の重要性が注目されるようになり，諸外国においても例えばカナダのモントリオール市近郊の道路橋の落橋事故（2007 年），米国ミネソタ州の鋼トラス橋の落橋事故（2007 年）などが報道され，市民の安全な生活を脅かすコンクリート構造物の劣化問題は多くの人々の関心を引くようになった．

　このような状況を打破するためには，土木・建築を学ぶ学生が少なくとも維持管理の重要性をきちんと認識し，さらにどのように維持管理の計画から実施まで行うべきかをきちんと把握することが大切である．また，維持管理を行う場合には，各時代においてどのように構造物が設計・施工され，その後どのような経緯を経たかを知ることが不可欠である．すなわち，コンクリート構造物の維持管理をきちんと行うためには新設構造物の設計・施工ばかりでなく，実際に建設された構造物の環境等を踏まえた劣化・損傷を調査し，その後使用される期間の構造物に要求される各種性能がどのように変化するかをも予測することや，その要求性能をより長期間確保するための補修・補強方法を選定・実施するまでの方法等を学ぶ必要がある．

　これらを踏まえ，本書は多くの維持管理工学を専門とされている先生方と記述したものであり，授業等で活用されることを期待するものである．最後に，本書をまとめるに当たりご協力いただいた諸先生，特に東京大学の加藤佳孝先生に感謝するしだいである．

平成 20 年 6 月

東京大学名誉教授・芝浦工業大学 工学部 教授　　魚本健人

目 次
CONTENTS

CHAPTER 1　社会資本ストックの現状と課題
1.1　我が国の経済発展と建設投資 …………………………………………………… 2
1.2　これからの我が国の建設産業 …………………………………………………… 4
1.3　構造物の劣化と耐久性 …………………………………………………………… 7
1.4　今後の維持管理 …………………………………………………………………… 9

CHAPTER 2　早期劣化の要因
2.1　早期劣化と施工の関係 …………………………………………………………… 12
　　2.1.1　初期欠陥の発生要因 ……………………………………………………… 12
　　2.1.2　施工不良の原因と対策 …………………………………………………… 16
演習問題 ………………………………………………………………………………… 23

CHAPTER 3　コンクリート構造物の劣化メカニズム概論
3.1　コンクリート構造物の劣化要因 ………………………………………………… 26
3.2　中性化 ……………………………………………………………………………… 28
　　3.2.1　炭酸ガスの侵入 …………………………………………………………… 28
　　3.2.2　炭酸化反応 ………………………………………………………………… 29
　　3.2.3　中性化による鋼材の腐食 ………………………………………………… 31
3.3　塩　害 ……………………………………………………………………………… 33
　　3.3.1　塩化物イオンの侵入 ……………………………………………………… 33
　　3.3.2　塩害による鋼材の腐食 …………………………………………………… 36
　　3.3.3　塩害による構造性能の低下 ……………………………………………… 39
3.4　凍　害 ……………………………………………………………………………… 41
　　3.4.1　凍害の要因 ………………………………………………………………… 41
3.5　アルカリシリカ反応 ……………………………………………………………… 44
3.6　化学的侵食 ………………………………………………………………………… 47
3.7　疲　労 ……………………………………………………………………………… 49
演習問題 ………………………………………………………………………………… 51

目　次

CHAPTER 4　維持管理計画
4.1　アセットマネジメントと維持管理 …………………………………… 54
4.2　構造物の維持管理 ………………………………………………………… 57
演習問題 ………………………………………………………………………… 62

CHAPTER 5　非破壊検査技術概論
5.1　非破壊検査方法の種類と原理 …………………………………………… 64
　5.1.1　概　要 …………………………………………………………………… 64
　5.1.2　反発硬度を利用する方法 ……………………………………………… 64
　5.1.3　電気・磁気を利用する方法 …………………………………………… 66
　5.1.4　弾性波を利用する方法 ………………………………………………… 67
　5.1.5　電磁波を利用する方法 ………………………………………………… 74
　5.1.6　電気化学的方法 ………………………………………………………… 78
　5.1.7　デジタルカメラ法 ……………………………………………………… 81
　5.1.8　光ファイバセンシング法 ……………………………………………… 83
演習問題 ………………………………………………………………………… 88

CHAPTER 6　コンクリート構造物の診断と検査技術の活用
6.1　概　論 ……………………………………………………………………… 90
6.2　材料劣化診断 ……………………………………………………………… 92
　6.2.1　劣化機構の推定 ………………………………………………………… 92
　6.2.2　劣化予測 ………………………………………………………………… 93
　6.2.3　評価・判定 ……………………………………………………………… 108
6.3　構造劣化・診断 …………………………………………………………… 114
　6.3.1　構造劣化 ………………………………………………………………… 114
　6.3.2　コンクリート構造の劣化度の評価 …………………………………… 116
　6.3.3　コンクリート構造物の評価 …………………………………………… 122
6.4　構造劣化診断における検査技術の活用 ………………………………… 125
　6.4.1　構造劣化診断と検査 …………………………………………………… 125
　6.4.2　構造劣化診断のための検査 …………………………………………… 129
演習問題 ………………………………………………………………………… 131

目　　次

CHAPTER 7　補修工法概論

7.1　概　論 ……………………………………………………………………… 136
7.2　表面処理工法 ……………………………………………………………… 138
　7.2.1　概　要 ………………………………………………………………… 138
　7.2.2　ウォータージェット工法 …………………………………………… 138
7.3　断面修復工法 ……………………………………………………………… 145
　7.3.1　概　要 ………………………………………………………………… 145
　7.3.2　断面修復工法に求められる性能 …………………………………… 145
　7.3.3　断面修復工法の種類 ………………………………………………… 146
　7.3.4　断面修復工法の材料種別 …………………………………………… 148
　7.3.5　断面修復工法の選定方法 …………………………………………… 150
7.4　表面被覆工法 ……………………………………………………………… 151
　7.4.1　概　要 ………………………………………………………………… 151
　7.4.2　要求性能 ……………………………………………………………… 152
　7.4.3　有機系表面被覆工法 ………………………………………………… 152
　7.4.4　無機系表面被覆工法 ………………………………………………… 155
　7.4.5　表面被覆材の性能評価の一例 ……………………………………… 156
　7.4.6　表面被覆材の種類と性能比較の一例 ……………………………… 157
7.5　ひび割れ注入工法 ………………………………………………………… 159
　7.5.1　概　要 ………………………………………………………………… 159
　7.5.2　ひび割れ補修工法 …………………………………………………… 160
　7.5.3　注入工法 ……………………………………………………………… 161
　7.5.4　注入材料 ……………………………………………………………… 162
　7.5.5　注入工法の効果検証の一例 ………………………………………… 163
　7.5.6　ひび割れ補修の留意点 ……………………………………………… 164
　演習問題 ……………………………………………………………………… 164

CHAPTER 8　補強工法概論

8.1　概　論 ……………………………………………………………………… 168
8.2　補強工法の事例 …………………………………………………………… 172
　8.2.1　荷重増加に対する補強事例 ………………………………………… 172
　8.2.2　耐震補強 ……………………………………………………………… 187
　8.2.3　剛性向上のための補強事例 ………………………………………… 198

| 演習問題 | ･･･ 201 |

CHAPTER 9　コンクリート構造物の診断・補修事例

9.1　診断事例 ･･ 204
　9.1.1　診断の流れ ･･･ 204
　9.1.2　対象構造物 ･･･ 205
9.2　グレーディングによる劣化診断 ･･ 208
　9.2.1　日常点検 ･･･ 208
　9.2.2　詳細点検 ･･･ 210
9.3　対　策 ･･･ 214
9.4　定量的な評価による劣化診断 ･･ 215
　9.4.1　詳細点検 ･･･ 215
9.5　補修事例 ･･･ 219
　9.5.1　概　要 ･･･ 219
　9.5.2　事例 1：導水路トンネルに発生した初期欠陥に関する対応事例 ･･･････････ 219
　9.5.3　事例 2：橋台コンクリートで発生したかぶり不足に関する対応事例 ･･･････ 222
　9.5.4　事例 3：宅内擁壁で発生した鉄筋露出に関する対応事例 ･････････････････ 225

| 演習問題の解答 | ･･ 230 |

索　引 ･･･ 239

CHAPTER 1
社会資本ストックの現状と課題

第1章　社会資本ストックの現状と課題

1.1　我が国の経済発展と建設投資

　我が国は，戦後大変な勢いで経済復興を成し遂げた．第二次大戦後焦土と化した国土において，バラックのような建物，工場等を利用して，繊維製品，陶器，トランジスターラジオなどを皮切りに，オートバイ，家電製品，自動車，コンピューター等を時代の変化に対応して開発・生産し，これを世界市場で販売することによって経済成長を達成してきたということができよう．1970年代にオイルショックなどがあったが，今までは大きな問題もなく数々の障害を乗り越えてきた．

　このことは**図 1.1** および**図 1.2** を見るとよくわかる．戦後から1970年頃までは急激にGNPは増加しており，名目で15％から20％，実質で5％から15％の成長率を示し，経済成長の加速期であったことがわかる．第一次オイルショックで一時経済成長率が低下したが，その後1990年ごろまではGNPの伸び率は名目で5％から10％，実質で3％から8％のほぼ一定の伸び率であることがわかる．しかし，1990年以降今日まではその成長率が0またはマイナス成長に変わっている．このためGNPも500兆円程度で頭打ちになっている．

　今後，我が国の経済成長が高度成長時代のように急に増大するとは考えられず，現状維持または数パーセントの成長でほぼ安定的な状態を維持するものと思われる．このため，土木学会で丹保らが取りまとめた「人口減少下の社会資本整備」に示されているように，戦後の我が国をまとめると**表 1.1** のようになると考えられる．

1.1 我が国の経済発展と建設投資

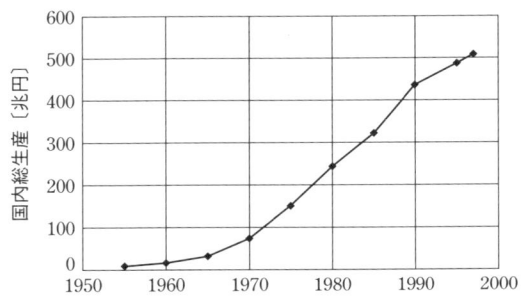

図1.1 我が国の国内総生産(GNP)の変遷

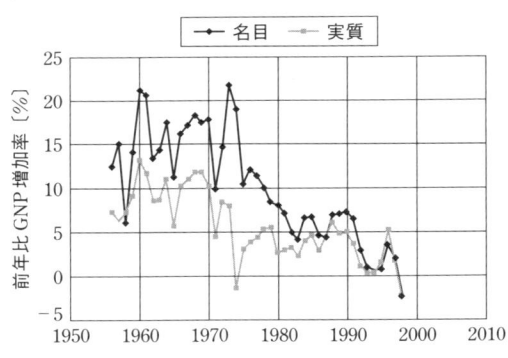

図1.2 我が国の前年比GNP増加率の変遷

表1.1 日本の社会基盤整備の推移と課題(参考文献1を基に作成)

①	1950年代	国土保全(治水),エネルギー開発	産業基盤の確立
②	1960年代	交通基盤確立	産業発展ボトルネックの解消
③	1970年代	都市基盤・公害対策	都市への人口集中
④	1980年代	文化施設・余暇施設	経済的過成点(バブル経済)
⑤	1990年代	地球環境対策・中心市街地対策	経済減速
⑥	2000年代	都市再生・災害リスク低減・地球地域環境対策	人口減少・経済衰退への不安

1.2 これからの我が国の建設産業

現在，我が国の社会資本整備率は，欧米に比べやや劣るとはいうものの，戦後急速に整備されてきたということができる．図 1.3 は我が国の高速道路および新幹線整備距離の変遷を，図 1.4 は我が国の社会基盤設備整備率の変遷を示したものである．これらの図からも明らかなように，今日では道路および鉄道の整備については限界に近づきつつあるということができよう．また，普及率が悪いといわれた下水道なども都市部を中心に普及が急ピッチで進み，国全体としても高い普及率になっている．東京オリンピックの行われた 1964 年と比較すると，下水道は 10％に満たなかった普及率であったが 2000 年では 60％を超える普及率と

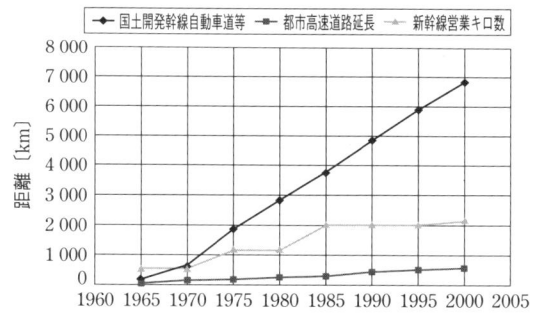

図 1.3　我が国の高速道路および新幹線整備距離の変遷

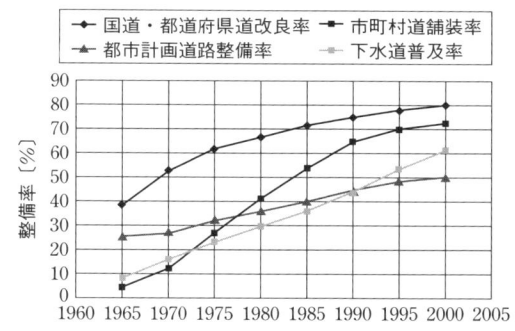

図 1.4　我が国の社会基盤設備整備率の変遷

なっており，ほとんどの都市部では整備が完了していることを示すものである．言い換えると，この35年間で驚異的な量の社会資本の整備が行われたことが理解できよう．

2000年での整備状況を示したのが**表1.2**である．今日では欧米諸国と比較しても遜色のない社会資本整備が行われていることがわかる．もしまだ整備不十分なものを挙げるとすれば1人当たりの公園面積であるが，現在ではかつての状況ほど悪くはなくなっているため，環境問題を除けばそれほど不自由していないということができよう．以上の説明からも明らかなように，我が国では膨大な社会資本整備が戦後50年間で行われたが，この整備に大きな役割を果たしたのが建設業である．今後の整備事業についてはまだ不透明であるが，表1.2に挙げられた社会資本整備を当初計画のとおりに行ったとしても数字の上で見る限りは「急傾斜地崩壊対策整備」を除けば今までに行ってきた整備よりかなり少なくてすむことになる．

表1.2 2000年における我が国の社会資本（建設白書）

項目	値	項目	値
高規格幹線道路〔km〕	7 843	氾濫防御率〔％〕	52
国土開発幹線自動車道等〔km〕	6 861	急傾斜地崩壊対策整備率〔％〕	25
本州四国連絡道路〔km〕	164	1人当たり居住室床面積〔畳〕	11.24
一般道路〔km〕	341	1室当たり人員〔人〕	0.59
都市高速道路延長〔km〕	617	1住宅当たり延べ床面積〔m^2〕	92.43
国道・都道府県道改良率〔％〕	80	新幹線営業キロ数〔km〕	2 154
市町村道舗装率〔％〕	72.3	空港滑走路延長〔km〕	198.5
都市計画道路整備率〔％〕	51	港湾岸壁延長〔km〕	25.2
下水道普及率〔％〕	62	1人当たり都市公園面積〔m^2/人〕	8.1

このことからも明らかなように21世紀では従来型の新規建設は減少する一途であり，今までの建設系企業が従来とその方向をあまり変更せずに活躍することが可能な業務としては，既設構造物の維持管理に関する業務か，特に新規建設を必要としている国外での建設が中心とならざるを得ない．しかし，我が国の建設系企業が，今後海外での建設または維持管理業務のいずれを選択した場合でも，今までのラインとは異なった方法・システムを採用せざるを得ず，大きく変貌することが要求され，技術者も従来とは異なった技術をマスターすることが必要に

なろう.

　維持管理業務に関しては世界全体を見てもまだ十分な技術, システムが完成されていない. 確かに欧州では長い年月をかけて構造物の維持管理が行われているが, 歴史的建造物などを除けばごく小規模な修繕・補修が行われているだけであり, 1つの産業としては確立していない. 我が国の場合には, 急速に大量の構造物を建設してきたため, 大量の構造物をほぼ同時に維持管理する必要があり, そのためには世界に類のない維持管理システムを開発・実施していくことが急務である. 維持管理分野の個々の技術に関しては今までも経験的に少しずつ技術の積上げが行われており, これからの努力しだいで大きく変化する要素を有している. 例えば土木学会の「コンクリート標準示方書」でも, 設計, 施工に関するものは 1940 年代に完備され出版されたが, 維持管理については 2000 年に出版された「維持管理編」が初めてであることからも理解できよう. このような状況下ではあるものの, 維持管理は従来建設業が行ってきた技術とはかなり異なったハード技術が要求されるとともに, 今までにないソフト技術の確立が必要とされる. すなわち, 建設以外の物理・化学, 電気・電子, 情報・マネジメントなどの新しい技術が必要となるため, 従来とは異なった分野の企業の参入が可能となる. 図 1.5 に示すように維持管理に必要とされる経費の割合はこれから上昇していくが, その市場の取り合いは必ずしも建設業に有利であるとはいえず, 新しい分野の企業が台頭する可能性を秘めている.

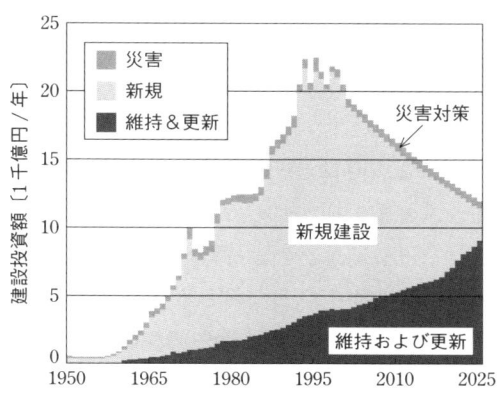

図 1.5　これからの建設投資額の予想 (建設白書)

1.3 構造物の劣化と耐久性

土木構造物は建設当初から50〜100年以上，場合によってはより長い期間使用すると考えて計画，設計，施工されている．また，コンクリート構造物は鋼構造物と異なり，腐食等が生じないため，特段の維持管理を行わなくても半永久的に使用できると考えられてきた．このため，特にコンクリート構造物の場合には昭和40年代までは疲労荷重や磨耗による劣化，凍結融解作用による劣化や酸などによる化学的劣化だけが問題視され，今日問題となっている鉄筋の腐食やアルカリ骨材反応などの劣化は考慮されていなかったといっても過言ではない．しかし，昭和40年代後半以降（1970年代）になると様々な劣化が顕在し，構造物の設計・施工に大きな影響を及ぼすことになった．このことは図1.6を見てもよくわかる．

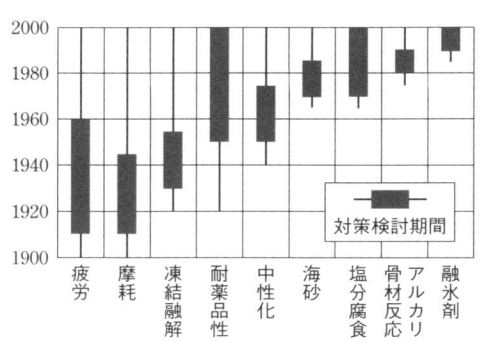

図1.6 我が国のコンクリート構造物の劣化とその対策

結果的に，コンクリートの劣化に関する対策はいつも後手になり，劣化が顕在化して初めて対策の検討がなされてきたといっても過言ではない．今日でも，まだ対策が完備されていないのは耐薬品性，塩分腐食，凍結防止剤（融氷剤）などであるということもできよう．劣化機構の詳細は3章を参照されたい．

構造物の耐久性は建設時の設計・施工とその後の維持管理によっても大きく変化する．鉄筋の腐食に関する問題の多くは設計時のかぶりやコンクリート品質（特に水セメント比）に，材料・配合に起因する劣化問題は施工時の材料・配合

の選定に，建設完了後の劣化進行に関する問題は早期劣化の兆候を維持管理でいかに正確に把握するか等によって大きく変化する．設計・施工での問題は重要であるが，構造物が完成した後では維持管理だけが頼りとなることから，いかに維持管理業務が重要な業務であるかが理解できよう．

　劣化した構造物の補修・補強はこれからは重要な業務の1つとなるが，既設の土木構造物を調査した結果では，**図 1.7** に示すように建設後約 60 年で半分の構造物が補修されている．建物と比較すると，補修するまでに劣化が進行するにはかなり長い期間がかかっているが，戦後大量の構造物が建設されたことを考慮すると，今後は新たにコンクリート構造物を建設するよりも，既設のコンクリート構造物を，より少ない技術者で，あまり費用をかけずに維持管理することが重要となる．

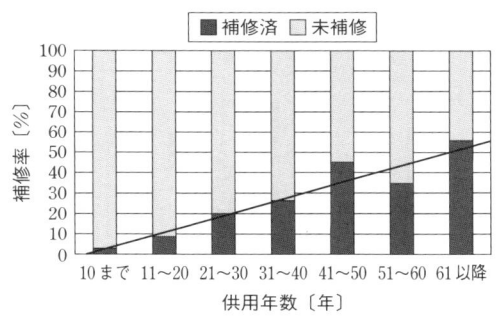

図 1.7　一般的な維持管理のフロー

1.4　今後の維持管理

　維持管理は一般的には**図 1.8** に示したような手順で行われている．すなわち，日々，または定期的な点検・検査と，特に問題がありそうな劣化の兆候を見つけたときの詳細調査を行い，劣化の原因推定と程度の判定，構造物の使用期限までの劣化の進行予測を行って，第三者被害の可能性や使用安全性，構造安全性などが脅かされる可能性がある場合に，必要に応じて補修・補強を行うことになる．

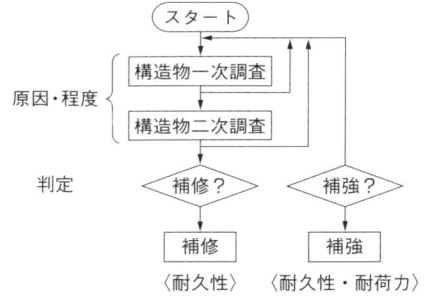

図 1.8　コンクリート構造物の供用年数と補修の実施の有無（耐久性問題検討委員会）

このような維持管理を行ううえで重要なことは次に示す事項である．
① 　対象構造物の維持管理を行うためには維持管理計画の策定，点検マニュアルの整備，補修・補強方法の検討，検査・判定のための専門技術者の確保，予算の確保が大原則である．
② 　現在使用されている構造物を，一時的にであるにせよ使用を中断させることは社会に対する影響が大きいため，できるだけ使用の制限や中断を防ぐことが必要である．やむを得ない場合でも，事前に社会へその必要性と制限等の条件を周知し，混乱を最小限度にとどめるよう配慮することが重要である．
③ 　維持管理のためであるとはいえ，むやみに経費をかけることはできない．構造物の重要性，劣化・損傷等のレベル，ライフサイクルコスト（LCC）等を考慮して優先順位を定め，点検や補修・補強を実施することが必要である．
④ 　日常点検や定期点検の主なものは目視検査となるが，事前にマニュアル等

を準備し，十分な知識と経験を有する検査員が定められた時期に定められた検査を行い，劣化の予測等を行うことが大切である．点検時に以前の検査結果と比較して劣化・損傷が増大している場合には，マニュアル等に従い変化の程度をきちんと記録し，必要に応じて詳細点検の必要性を判定しなければならない．

⑤ 補修・補強を実施する場合には，劣化の原因をきちんと把握したうえで，効果のある方法で対処することが原則となる．例えば，アルカリ骨材反応による劣化が認められる場合には，この劣化の原理や程度を考慮して，適切に対処することが重要である．

⑥ 維持管理記録には，検査の日時ばかりでなく検査者が誰であったか，補修・補強を行った場合には使用材料，考え方，施工実施者などの詳細を残すことが慣用である．少子高齢化が進行する将来を考慮すると，維持管理記録は少なくとも対象構造物が撤去されるまで管理することが必要になる．

以上述べたように，今後は新たにコンクリート構造物を建設するよりも，既設のコンクリート構造物を，より少ない技術者で，あまり費用をかけずに維持管理することが重要となるが，そのためには維持管理の重要性とその難しさを十分認識することが大切である．

[参考文献]
1) 丹保憲仁：人口減少下の社会資本整備，土木学会，2002

CHAPTER 2
早期劣化の要因

2.1 早期劣化と施工の関係

2.1.1 初期欠陥の発生要因

　コンクリート構造物の変状は原因に応じて，「初期欠陥」，「損傷」，「劣化」の3つに分類されるのが一般的である．初期欠陥は，施工時に発生するひび割れや豆板，コールドジョイント，砂すじなどを指し，損傷は，地震や衝突等によるひび割れやはく離など，短時間のうちに発生し，その変状が時間の経過によって変化しないものを，劣化は，構造物の変状のうち時間の経過に伴って変化するものを意味する．コンクリート構造物の診断においては，変状を可能な限り原因別に分離することが重要となる．例えば，同じひび割れでも，原因によって発生する時期が異なるため，ひび割れがコンクリート構造物に及ぼす影響を考慮する際に，その取り扱いが大きく異なることは容易に想像されよう．本節においては，これらの変状のうち施工に起因する初期欠陥を対象とし，早期劣化と施工の関係を簡潔に述べる．

（1） 豆板（ジャンカ）

　豆板（**図2.1**）は，コンクリートを打設するときの材料分離，締固め不足，型枠下端からのセメントペーストの漏れなどによって生じる．一般にコンクリートが打ち込みにくい場所に生じやすく，コンクリートの落下高さが3m程度でも豆板の発生が認められる．

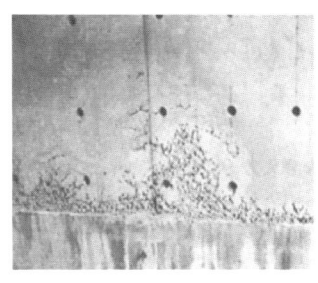

図2.1　豆板の一例[1]

図2.2　コールドジョイントの一例[1]

2.1　早期劣化と施工の関係

（2）　コールドジョイント

コールドジョイント（図2.2）は，材料・配合，施工，環境に関する様々な要因によって生じるが，以下の3つの要因に大別することができる．①下層コンクリートの凝結性状，②下層と上層の打重ね時間間隔，③下層コンクリートと上層コンクリート間の処理方法．

（3）　砂すじ

砂すじは，ブリーディングの多いコンクリートの浮き水を取り除かないで打ち足した場合や，軟練りコンクリートを過度に締め固めた場合に発生する．

（4）　ひび割れ

コンクリート構造物のひび割れ発生は宿命的なものであり，現状の技術ではひび割れ発生を完全に防止することはできない．このため，適切に施工された鉄筋コンクリート構造物においても，コンクリート表面には種々のひび割れが認められるはずである．しかし，発生するひび割れ全てが問題というわけではなく，コンクリート構造物の諸性能に及ぼす影響を考慮して，有害なひび割れであるか，許容されるひび割れであるかの判断をすることが重要である．ひび割れに関しては，不適切な設計・施工によって生じたひび割れを，「宿命的」であることを理由にする場合や，逆に，許容内のひび割れに対して過剰に反応し，発注者が施工者に対して対策を命ずるなど，コンクリート工事において問題が多い初期欠陥の代表である．

ひび割れは，材料，施工に関わる様々な原因によって生じ，日本コンクリート工学協会では，**表2.1**のように分類している．**図2.3**に施工不良によるひび割れ発生の状況を概念図として示す．

（5）　長期耐久性における施工の重要性

ここまで，初期欠陥の発生原因を概観してきたが，施工との関連が深いことがわかる．初期欠陥の存在は，それ自体がコンクリート構造物の要求性能（主に美観・景観や使用性）を満足しないだけでなく，構造物の劣化の速度を加速する要因となるものであり，コンクリート構造物の長期耐久性において極めて重要な意味を持つ．初期欠陥がコンクリート構造物の耐久性に及ぼす影響の一例として，**図2.4**に打重ね処理方法と中性化深さの関係を実験的に検討した結果を示す．打重ね処理方法の違いはコールドジョイントの発生と密接に関係しており，この図

第2章 早期劣化の要因

表2.1 ひび割れ発生の原因[2)]

大分類	中分類	小分類	原因
材料	使用材料	セメント	セメントの異常凝結，セメントの水和熱，セメントの異常膨張
		骨材	骨材に含まれている泥分，低品質な骨材，反応性骨材（アルカリ骨材反応）
	コンクリート		コンクリート中の塩化物，沈下・ブリーディング，乾燥収縮，自己収縮
施工	コンクリート	練混ぜ	混和材料の不均一な分散，長時間の練混ぜ
		運搬，打込み	ポンプ圧送時の配合の変更，不適当な打込み順序，急速な打込み
		締固め	不十分な締固め
		養生	硬化前の振動や載荷，初期養生中の急激な乾燥，初期凍害
		打継ぎ	不適当な打継ぎ処理
	鋼材	鋼材配置	鋼材の乱れ，かぶりの不足
	型枠	型枠	型枠のはらみ，漏水，型枠の早期除去
		支保工	支保工の沈下
	その他	コールドジョイント	不適切な打重ね
		PCグラウト	グラウト充填不良

はコールドジョイントの程度が中性化進行に及ぼす影響と読み替えることができる．図から明らかなように，コールドジョイントが発生していない場合（打重ね時間間隔が0h）に比較して，コールドジョイントの存在によって中性化の進行が加速されていることがわかる．また，初期欠陥としてのひび割れは，コンクリート構造物の劣化を招く有害因子（CO_2，Cl^-など）の侵入を容易とし，結果としてコンクリート構造物の早期劣化を招くことが容易に想像される．

このように，不適切な施工の結果生じた初期欠陥は，コンクリート構造物の長期耐久性に大きな影響を及ぼすものであり，良質な構造物を提供するためには適切な施工が必要不可欠であることがわかる．同時に，構造物を診断する際には，対象とする構造物の施工が適切に実施されていたかを把握することも重要である．

2.1 早期劣化と施工の関係

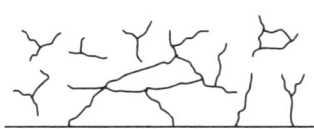

長時間の練混ぜ
〔打設までに時間のかかりすぎた場〕
〔合に発生する全面網目状ひび割れ〕

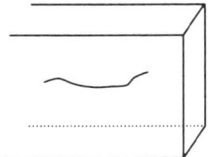

急速な打込み
〔コンクリートの沈降に〕
〔より発生するひび割れ〕

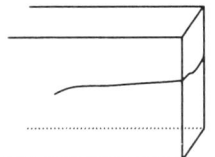

不適切な打重ね
〔コールドジョイントとなる〕

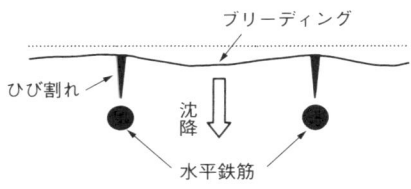

沈みひび割れ
〔コンクリートの沈みと凝固が同時進行する過程〕
〔で，その沈み変位を鉄筋やある程度硬化したコン〕
〔クリート等が拘束することによって生じる〕

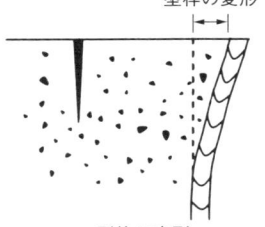

型枠の変形
〔コンクリートが硬化し始める〕
〔時期に型枠が変形，移動する〕
〔ことによって生じる〕

図2.3 施工不良によるひび割れ発生の例

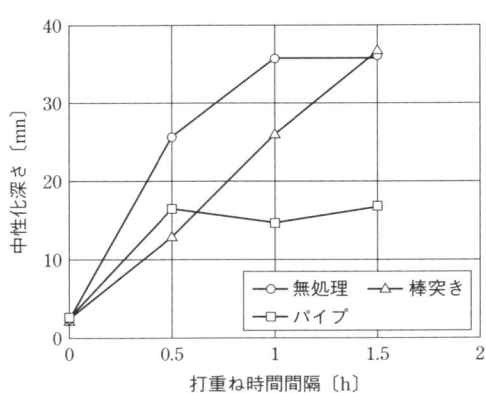

図2.4 打重ね処理方法と中性化深さ[3]

2.1.2 施工不良の原因と対策

一般的な公共工事におけるコンクリート工事の流れは図 2.5 に示すとおりであり，発注者の管理のもとに設計から維持管理段階まで，各専門業者が各々の役割を担っている．このうち工事そのものに携わる者は，コンクリートの製造業者（生コン業者）と構造物の施工業者（ゼネコン）である．コンクリートの製造および構造物の施工には，図 2.5 に示すようないくつかのプロセスがあり，以下に施工不良となる主な原因とその対策方法に関して簡単にとりまとめる．

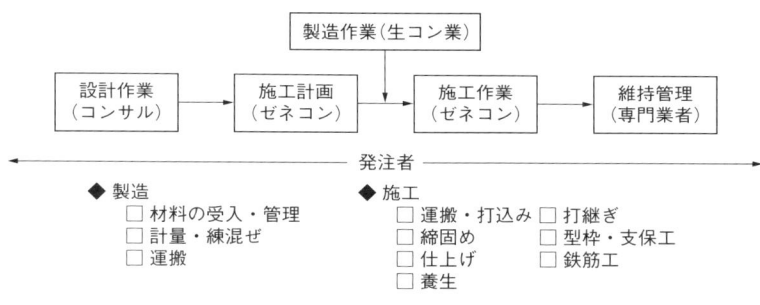

図 2.5 コンクリート工事の流れ

（1） コンクリートの製造

コンクリートの製造は，材料の受入・管理，計量・練混ぜ，運搬のプロセスで構成されている．各段階において JIS や各学会等によって規格・基準が設定されているにもかかわらず，現状のコンクリート品質は大きくばらついている．この原因の一つに骨材品質のばらつきが挙げられる．図 2.6 は実際に粗骨材として使用される砕石中の 5 mm 通過分の経時変化を示しており，その割合は最小で約 5 %，最大で約 33 % となっており，非常にばらついていることがわかる．このように粗骨材中の粒度にばらつきがあると，結果としてコンクリートの品質を管理することが極めて難しくなる．図 2.7 は，5 mm 通過分の骨材の割合が異なる 3 種類の粗骨材を用い，W/C 一定で同一のスランプ値を得るための実績率と単位水量の関係を示している．このように，5 mm 通過分の骨材割合および実績率によって，必要となる単位水量が大きく変動することがわかり，コンクリート

2.1 早期劣化と施工の関係

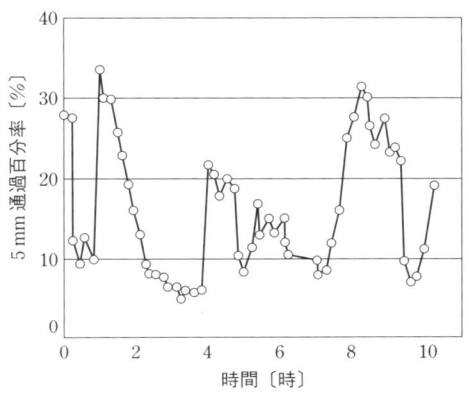

図 2.6 砕石 5 mm 通過分の経時変化
（参考文献 4 を基に作図）

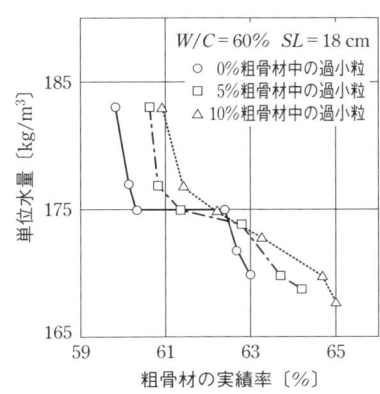

図 2.7 粗骨材の実績率と単位水量の関係（参考文献 4 を基に作図）

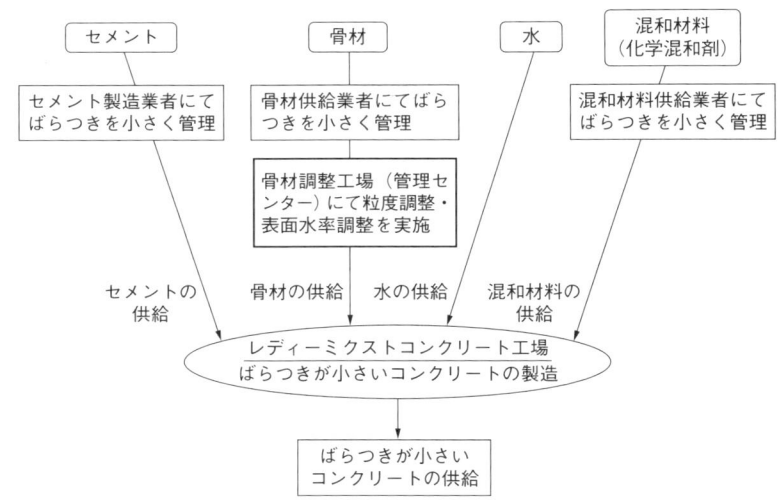

図 2.8 材料の受入・管理の問題解消法の一例（参考文献 4 を基に作図）

の品質管理の難しさを示している．**図 2.8** は，このような品質変動を管理する手法の一例として提案されており，材料個別の品質を厳格に管理していく必要があることを示している．

図 2.9 に示すように，コンクリートのスランプ値は経時的に低下するのが一般

第2章　早期劣化の要因

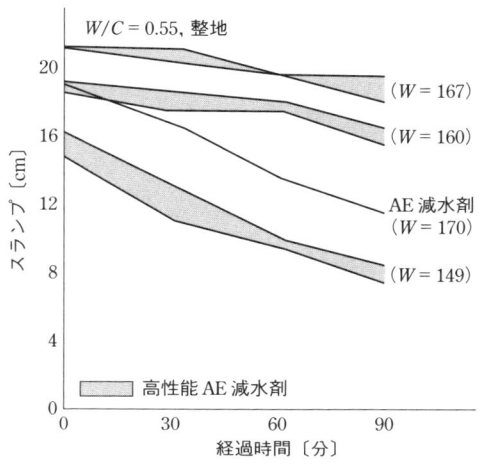

図 2.9　スランプの時間変動の例
（参考文献 4 を基に作図）

的である．コンクリートは，プラント〜工事現場間の運搬，工事現場内での運搬や待機により，製造直後に使用されることは極めて希である．このため，実際に使用されるときに要求される施工性を満足するように，運搬等にかかる時間とスランプの経時変化を考慮して，コンクリートを製造する必要がある．これには極めて高度な知識と経験が必要となる．残念ながら，コンクリートの施工性を重視する余り，現場に到着したコンクリートに安易に"水"を添加するといった事例が報告されている．加水は，コンクリートの単位水量および W/C の増加をもたらし，結果として耐久性の低いコンクリート構造物となるため，絶対にしてはならない行為である．加水問題に対しては，2003 年 10 月に国土交通省大臣官房技術調査課長名で，「レディーミクストコンクリートの品質確保について」が通達されている．これにより，100 m³/日以上のコンクリートを使用する工事では単位水量の測定が義務づけられ，測定値と配合設計の差を管理値として意志決定を行うようになっている．

　　　打設≦（配合±15）＜改善指示≦（配合±20）＜持ち帰り

　レディーミクストコンクリートの品質は，JIS に基づく「JIS マーク表示認定制度」，「公示検査」，「立ち入り検査」，「試買品検査」，全国生コンクリート工業

組合連合会による全国統一品質管理監査制度，および前述の国土交通省による品質管理と，非常に多くの保証および管理制度によって担保されている．しかし，依然として加水問題等が取り上げられる現状を見れば，現状の品質保証制度は十分に機能しているとはいえない．統一監査制度について，293 の建設会社および 458 の生コン工場に実施したアンケートの調査結果[5]によると，製造者の自己評価は高いものの，施工者（生コンの購入者）の満足度は得られていない状況となっている．これは，何種類もの複雑なシステムで取引が行われているのもかかわらず，契約書が取り交わされていない，あるいは，契約の主体，責任分担等が不明確になっていることに問題がある．前述したように，フレッシュコンクリートの品質は時間とともに変動するものであり，受発注者間で時間軸を意識した契約を取り交わすことが最低限必要である．責任分担が明確になっていない契約は，無責任な作業環境を作り出す可能性があり，最悪の場合は，劣悪な品質の構造物が建造されることになる．自らの責任範囲を明確に意識し，加水などの悪意ある行動を引き起こさない契約制度が必要不可欠である．

　なお，これまでの JIS 制度は平成 17 年度から「新 JIS 制度」へと移行されるが，これは，国の関与を最小限とし，民間の登録認証機関による製品認証を基本とし，事業者の自主性と自己責任が強く問われる制度となった．2005 年に発覚した耐震強度偽造問題においても，国から認証された民間機関による検査システムの問題点が指摘されており，新 JIS 制度も同様な危険性がある．時代に応じた戦略として移行された新 JIS 制度が，コンクリートの品質向上に寄与するためには，事業者が自らの技術力，設備能力等を正直に公開し常に更新し，商品であるコンクリートの品質に対して責任を持つことが重要である．また，購入者である施工者は構造物の品質に対して責任がある主体であり，最終成果物である構造物の品質を強く意識し，施工のしやすさだけにとらわれずに，購入品であるコンクリートの品質を厳格に検査するとともに，構造物の品質低下を招く不当な要求を製造者にしないことが重要である．

（2） コンクリート構造物の施工

　コンクリート構造物の施工は，コンクリートの運搬・打込み，締固め，打継ぎ，仕上げ，養生，および型枠・支保工，鉄筋工が主な作業項目である．

　運搬・打込み作業は，現場まで運搬されたコンクリートを受け取り，後工程で

第2章　早期劣化の要因

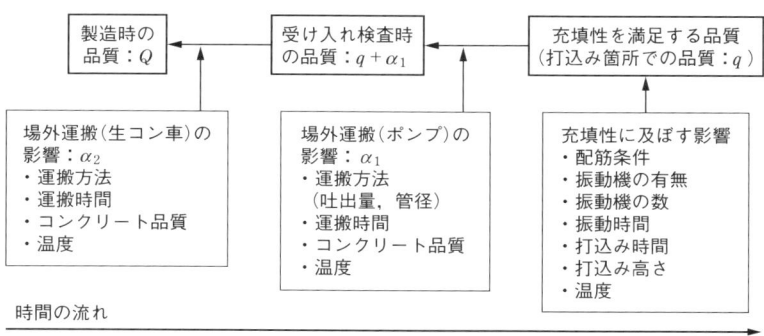

図2.10　運搬・打込みの問題解消法の一例（参考文献4を基に作図）

ある締固め作業開始までの工程を指し，コンクリートの均一性の確保と初期欠陥（未充填，コールドジョイント，ひび割れなど）の防止が重要である．このためには，時間や温度による品質変化をできるだけ小さくする，材料分離をできるだけ少なくする，などの配慮が必要となる．打込み高さが高いと材料分離が，打重ね時間間隔が長いとコールドジョイントが，フレッシュコンクリートの品質とポンプの圧送能力が適切な関係でないと閉塞が生じるなど，様々な不具合が発生する危険性がある．図2.10は，運搬・打込みを考慮した製造時コンクリートの品質設定法の概念図であり，プロセスにおける全要素を考慮した製造を行うことが重要である．しかし，現状ではこれらのプロセス内における様々な要因を定量的に評価することは難しく，今後の検討課題である．このプロセス内の要因が定量的に評価可能となれば，前述したレディーミクストコンクリートの要求品質も定量的に明らかとなり，フレッシュコンクリートの品質管理が飛躍的に向上する．

　締固め作業では，打込み中における巻込み空気泡の除去（内部および表面部の気泡の除去），打重ね部のコンクリートの一体性（コールドジョイントの防止），鉄筋など埋設物の周囲や型枠の隅々までのコンクリートの充填（未充填部，ジャンカの防止）が重要な目的となる．図2.11はコンクリートの締固め方法を示しており，状況に応じて適切な方法を選択する．コンクリートの充填状況の確認は，セメントの水和熱を利用して，赤外線法によりモニタリングする手法[6]が提案さ

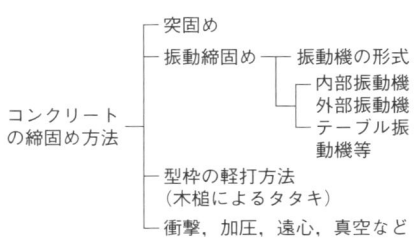

図 2.11 コンクリートの締固め方法

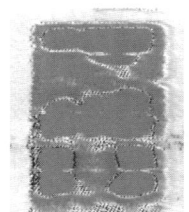（a）画像処理結果

（b）脱型後のコンクリートの外観

図 2.12 赤外線法による充填状況の確認

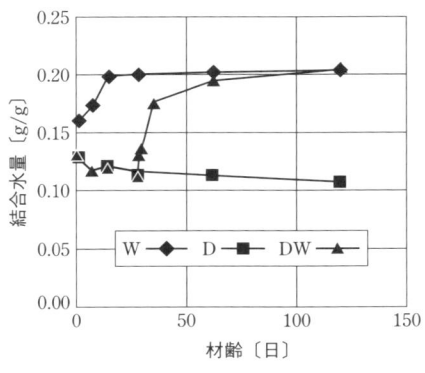

図 2.13 養生条件の影響（反応率）
（参考文献 7 を基に作図）

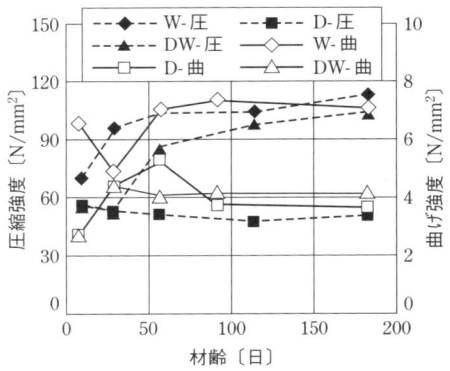

図 2.14 養生条件の影響（強度）
（参考文献 7 を基に作図）

れている（**図 2.12**）．

コンクリートの養生は，打設されたコンクリートが，①水和反応により十分な強度を発現し，②所要の耐久性，水密性，鋼材を保護する性能等の品質を有し，かつ③有害なひび割れを生じないようにするために，打込み後一定期間，適当な温度のもとで，十分な湿潤状態を保ち，有害な作用の影響を受けないようにすることが目的となる．

図 2.13 は，養生条件を連続水中（W），連続乾燥（D），乾燥後水中（DW）の 3 種類とした場合の結合水量の経時変化を，**図 2.14** は，圧縮強度（圧）および曲げ強度（曲）の結果を示している．なお，結合水量はセメントの反応率を示すものである．連続水中養生の場合は，反応率，圧縮および曲げ強度ともに，時間

の経過とともに増加する．また連続乾燥の場合は，いずれもほぼ一定値を推移する．一方，連続乾燥後に水中養生を施した場合，停止していた水和反応が再び開始し，反応率および圧縮強度は時間の経過とともに増加し，長期においては連続水中とほぼ同等の値を示す．しかし，曲げ強度に関しては，水中養生によって反応が再び始まっているのにもかかわらず，一定値を推移し増加する傾向は見られない．このように，初期に適切な養生によって十分な反応が得られない場合には，その後の水分の供給によって反応が進行しても，コンクリートの品質として所用の性能が得られない可能性がある．

構造物の耐力ならびに耐久性の観点からすれば，打継ぎを設けずに一度にコンクリートを打設することが望ましいが，構造物の規模，形状等からほとんどの構造物において打継ぎが設けられているのが現状である．打継ぎ処理の基本は，要求性能を満足するよう，先に打ち込んだコンクリートと後から打ち込むコンクリートの構造安全性を確保し，打継ぎ部を含めて，1つの構造物として機能できるようにすることである．図 **2.15** は，打継ぎ処理の影響を実験的に検討した結果を示しているが，いずれの方法も打継ぎなし（一体）に比べてせん断強度は低下していることがわかる．しかし，適切な処理を行うことで，無処理の場合に比べてある程度の強度を確保することができる．

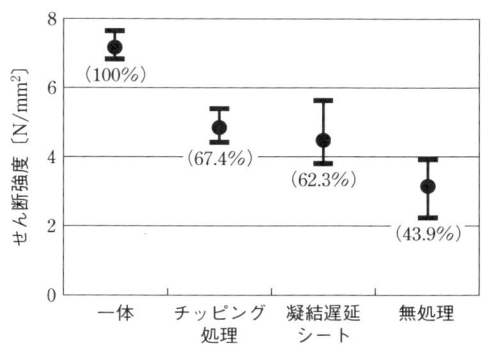

図 2.15　打継ぎ処理の影響（参考文献 4 を基に作図）

2.1 早期劣化と施工の関係

演習問題

① 初期欠陥，損傷，劣化の違いを述べよ．
② 下図のひび割れの発生要因を述べよ．

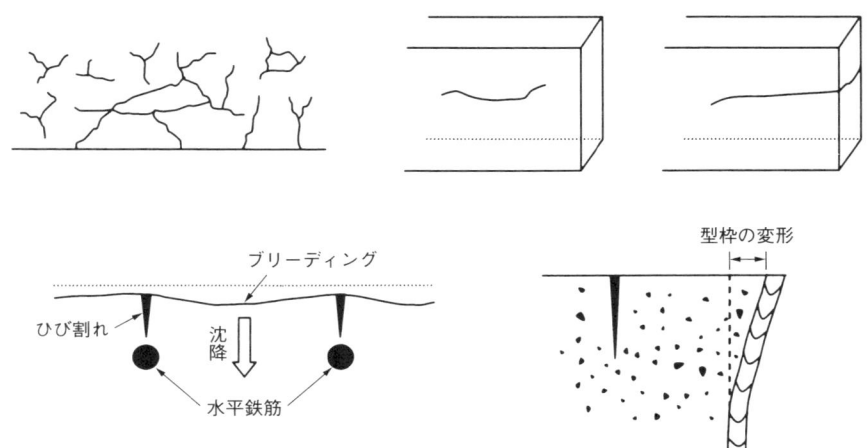

③ ひび割れがコンクリート構造物の劣化に及ぼす影響について簡潔に述べよ．
④ コンクリートの品質管理が困難となる理由を簡潔に述べよ．
⑤ レディーミクストコンクリートの品質管理のために近年導入された計測項目は何か？
⑥ 養生の目的を述べよ．

[参考文献]

1) コンクリート診断技術，日本コンクリート工学協会，2005
2) コンクリートのひび割れ調査・補修・補強指針，日本コンクリート工学協会，2003
3) 烏田専右：レディーミクストコンクリートによって生じるコールドジョイントの性質，日本建築学会論文報告集，Vol.135, pp.10-19, 1967
4) コンクリート構造物の高信頼性施工システム研究委員会報告書，日本コンクリート工学協会，2002
5) 全国生コンクリート品質管理監査会議：平成16年度全国統一品質管理監査結果報告書，2004
6) 渡部正：サーモグラフィー法によるコンクリート施工のモニタリングシステムに関する研

究，東京大学学位論文，1994
7) 伊代田岳史：若材齢時の乾燥がセメント硬化体の内部組織構造形成ならびに物理特性に与える影響，東京大学学位論文，2002

CHAPTER 3
コンクリート構造物の劣化メカニズム概論

第 3 章　コンクリート構造物の劣化メカニズム概論

3.1　コンクリート構造物の劣化要因

　コンクリート構造物は使用する「材料」および構造物の置かれた「環境」によって劣化する（**図 3.1，3.2**）．実際に劣化した構造物を調査すると，「材料」に起因する劣化より「環境」に起因するものが多い．その多くはコンクリート構造物にとって有害な塩化物イオン，酸，炭酸ガスなどの各種要因が外部環境（海水，融氷剤，下水，温泉水，大気など）から供給され，徐々にコンクリート構造物が劣化する．しかし，1970 年代から 1980 年代にかけて問題となった「海砂」や「アルカリ骨材反応」に代表されるように，材料に起因する劣化が存在することも事実である．1980 年以前は，材料に起因するこれらの劣化要因および対策が

図 3.1　塩害

図 3.2　中性化

3.1 コンクリート構造物の劣化要因

十分に解明されていなかった．その後，多くの研究機関等で検討された結果を踏まえ，1985年以降は劣化原因となる材料（反応性骨材，海産骨材，高アルカリセメント，セメント硬化促進性混和剤等）の使用が制限された．結果，その後に建設された構造物は，劣化の対処がある程度できていると考えられるが，対策を講じる前に建設された構造物は劣化が顕在化している場合もある．

コンクリート構造物の劣化要因は，土木学会コンクリート標準示方書［維持管理編］によれば，中性化，塩害，凍害，化学的侵食，アルカリシリカ反応，疲労の6要因，日本コンクリート工学協会コンクリート診断技術によれば，土木学会の化学的侵食が化学的腐食と表現され，さらに風化・老化，火災の2要因が追加された全8要因とされている．現在も引き続き，これら劣化要因のメカニズム解明に関する報告はなされており，未解明な部分も多く存在しているのが事実である．ここでいう未解明とは，劣化メカニズムの大まかな解釈は可能であるが，コンクリート構造物の維持管理において重要である劣化進行の予測を精度よく行うためには，各劣化要因に関わる物理・化学的な現象を定量的に表現する必要があるが，残念ながら現状では難しく，この意味において"未解明"という表現を用いている．そのため，一部の劣化要因においては，簡単なモデルを使用して将来予測が可能な場合もあるがその精度は必ずしもよいとはいえず，基本的には対象となる実構造物から得られる劣化の情報を活用して，現在および将来の劣化程度を予測することが重要となる．実際に劣化に関するどのような情報を活用して劣化予測を実施するかについては6章に譲るとして，ここでは，土木学会で定義されている6つの劣化要因のメカニズムに関して，その概略を述べる．なお，これまでにもコンクリート構造物の劣化要因に関する書籍は多く出版されており，詳細なメカニズムを知るためにはこれらの書籍を参考にするとよい．

3.2 中 性 化

コンクリートは，セメントの水和反応によって生じる水酸化カルシウム等によって，その細孔溶液が pH12〜13 を示す高アルカリ性を有する材料である．中性化とは，広義には「コンクリートがアルカリ性を失っていく現象」と解釈でき，その原因として空気中の炭酸ガス，酸性雨や各種酸の作用，ならびに長期間の水との接触が考えられる．しかし一般的には，「硬化したコンクリートが空気中の炭酸ガスの作用を受けてアルカリ性を失っていく現象（炭酸化）」と解釈されている．

コンクリート中のように高アルカリ環境では鋼材は不動態化しており非常に腐食しにくい状態にある．しかし鋼材近傍まで中性化が進行すると，鋼材の不動態被膜が破壊され，水や酸素の供給に伴って腐食が進行しやすくなる．さらに，鋼材の腐食膨張によりかぶりコンクリートにひび割れが発生すると，それを介して劣化因子がコンクリート中に侵入しやすくなり，中性化や鋼材腐食を促進する．最終的には，かぶりのはく落や鋼材の断面減少を引き起こし，コンクリート構造物の構造性能の低下を招く．すなわち，中性化の特徴的なメカニズムは，①炭酸ガスの侵入，②炭酸化反応に伴う細孔溶液の pH 低下，③ pH 低下による鋼材腐食の助長，の各段階であり，以降の鋼材腐食によるひび割れ，はく落および構造性能の低下は鋼材腐食によるものである．中性化によってコンクリートの力学的性能が変化し，構造性能が低下するものとは捉えられていない（厳密には，中性化によりセメント硬化体が変質し，コンクリートの力学的性能に影響を及ぼすことが報告されている）．コンクリートの中性化が構造物の劣化にとって重要となるのは，中性化がコンリート中の鋼材の腐食を助長し，最終的に構造性能を低下させる素因となるからである．これに関しては，塩害も同様であり，両劣化要因は基本的に，鋼材腐食を助長する劣化として位置づけられている．

3.2.1 炭酸ガスの侵入

空気中の炭酸ガスのコンクリート中への侵入は，コンクリートの空隙構造と空隙の含水率によって主に支配される．

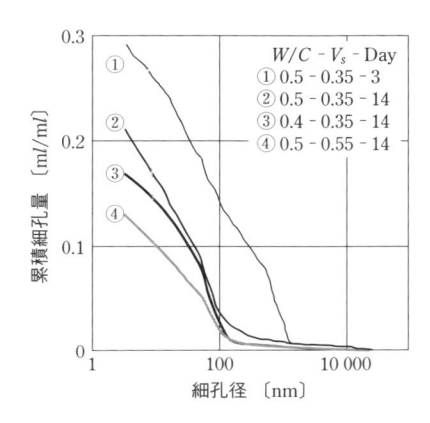

図 3.3　配合および材齢による空隙構造の違い（モルタル）

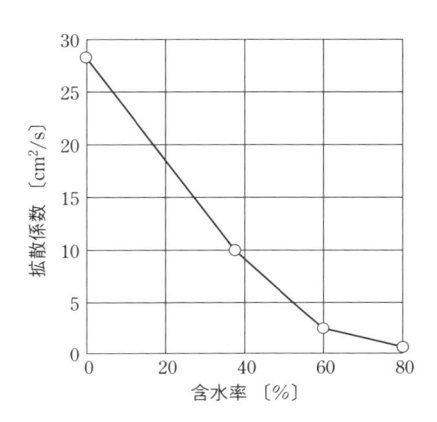

図 3.4　含水率と拡散係数の関係の一例（参考文献 1 を基に作図）

　図 3.3 は，配合および材齢が異なるモルタルの空隙構造を，水銀圧入法により測定した例である．図中，W/C は水セメント質量比，V_s はモルタル中の細骨材体積割合，Day は材齢を意味している．①と②を比較すれば材齢の影響が，②と③を比較すれば W/C の影響が，③と④を比較すれば細骨材量の影響が，モルタルの空隙特性に及ぼす影響がわかる．基本的には，大きな細孔が多く存在するコンクリートほど，炭酸ガスは侵入しやすくなる（厳密には，物質の通り道である細孔が連続しているか否かも重要な要因である）．

　図 3.4 は，含水率を変化させたコンクリート中の酸素の拡散係数を測定した結果であり，コンクリートの含水率が低くなるほど気体は侵入しやすくなる．

3.2.2　炭酸化反応

　pH の高い細孔溶液（pH＞約 11）に溶解した炭酸ガスは，式 (3.1)，(3.2) のように平衡定数に従って水素イオンと炭酸イオンに解離する．

$$H_2CO_3 = H^+ + HCO_3^- \tag{3.1}$$

$$HCO_3^- = H^+ + CO_3^{2-} \tag{3.2}$$

上記イオンを含んだ細孔溶液に水酸化カルシウムが溶解した場合の反応は式 (3.3) のとおりであり，溶解度の低い炭酸カルシウムの沈殿を生じることになる．

$$2H^+ + CO_3^{2-} + Ca^{2+} + 2OH^- \rightarrow CaCO_3 + 2H_2O \tag{3.3}$$

水酸化カルシウム以外のカルシウムシリケート水和物やエトリンガイト，モノサルフェート等のセメント水和物も同様に細孔溶液中に溶解し，炭酸イオンと反応して炭酸カルシウムの沈殿を生じる．セメント水和物種類による炭酸化反応性は，水和物の組織構造の影響を除いて考えれば，細孔溶液への溶解性が高いものほど大きく，水酸化カルシウムがもっとも炭酸化しやすいものと考えられる．これらの反応により細孔溶液の pH は，炭酸カルシウム飽和溶液の pH に近い 8 〜 9 程度まで低下することになる．このようなセメント水和物の炭酸化反応によるコンクリートの中性化が鋼材近傍まで進行すれば，鋼材の発錆を助長することになる．このように，炭酸化反応のためには"水"が必要であり，コンクリートが乾燥状態で細孔溶液が少ない場合には炭酸化反応が生じない．

一方，前記したように炭酸ガスの侵入速度は，乾燥状態では速く（炭酸化反応なし），含水状態では遅い（炭酸化反応あり）．すなわち，炭酸ガスの侵入と炭酸化反応の 2 つの過程を経る中性化において，"水"の存在は逆の作用を示すのである．図 3.5 は，この状況を実験的に確認した例であり，乾燥でもなく飽水でもない中程度の湿度で中性化の進行は最大となる．図 3.6 は，一例として横浜市における標準年の時間別相対湿度の頻度分布を示したものであるが，累積頻度が 50％を示すのは相対湿度約 70％であり，横浜市における標準年相対湿度の範囲が 17 〜 100％であることを考えると，比較的高湿度な状態が多い環境といえる．ここで，図 3.5 と図 3.6 を利用して，横浜市標準年における中性化の進行速度を

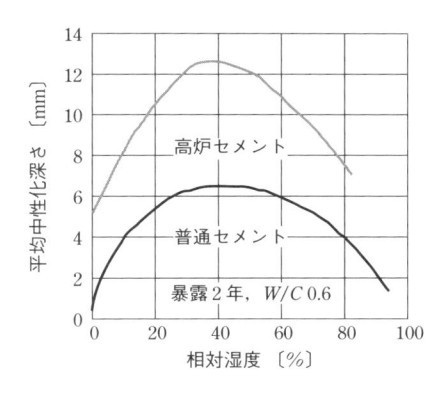

図 3.5　中性化の進行と相対湿度の関係
（参考文献 2 を基に作図）

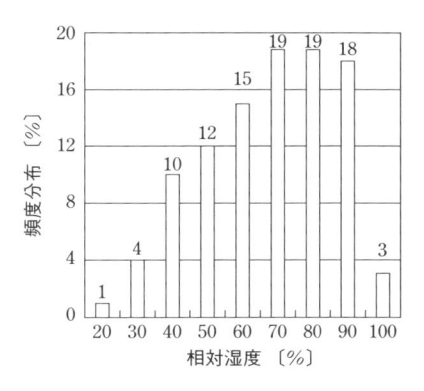

図 3.6　横浜市標準年相対湿度頻度分布

単純に計算してみる．図3.5は，各環境下で2年間暴露された結果であり，測定結果の中性化深さを経過時間の平方根で除すことで中性化速度係数を得る（$\sqrt{t}$則，詳細は6章参照）．中性化の進行は相対湿度を関数として，進行速度と頻度分布の積の総和で求まると仮定すれば，普通セメントおよび高炉セメントの中性化速度係数は，約 $3.2\,\mathrm{mm}/\sqrt{年}$，約 $6.2\,\mathrm{mm}/\sqrt{年}$ となる．これはあくまでも頻度分布をベースに単純な加算によって計算した結果であり，実際は連続的に変化する相対湿度環境を考慮する必要がある．

炭酸化反応式からわかるように，中性化の進行には水酸化カルシウム量も重要である．一般には，水酸化カルシウムが多いほど中性化の進行は抑制されるため，セメントの反応によって供給される水酸化カルシウムと反応して水和が進行する混和材（フライアッシュ，高炉スラグ微粉末，シリカフューム）を用いた場合，中性化の進行は速くなる．ただし，これら混和材を用いた場合は，配合条件によっては空隙構造が緻密化することにより炭酸ガスの侵入が抑制されるため，最終的な中性化の進行速度は両者のバランスによって決定される．また，塩化ナトリウムの存在により炭酸化の進行は促進されるため[3]，海砂を用いて内部に塩化物を含むコンクリートは，炭酸化が進行しやすくなることも重要な点である．

3.2.3 中性化による鋼材の腐食

コンクリート内部の鋼材の発錆は，かぶりコンクリートの中性化（フェノールフタレインアルコール溶液により測定される中性化深さ）が鋼材位置に到達してから生じるのではなく，それよりも早期に発錆する．これは，フェノールフタレインアルコール溶液によって測定される中性化深さよりも深部で細孔溶液のpH低下が生じていること[4]，および中性化フロントにてセメント水和物の分解による塩化物イオンや硫酸イオンの濃縮が生じていること[5]によるものと考えられている．図3.7は，中性化残り（かぶりと中性化深さの差）と腐食電流密度（＝腐食速度）の関係を示したものであるが，中性化残りが10 mm程度で発錆している状況が確認できる．中性化残りが減少（中性化が進行）すると，腐食速度が大きくなるが，中性化残りが0以下（中性化深さがかぶりより深く進行している状況）では，腐食速度はほぼ一定を示している．これは，図3.8に示す腐食速度とpHの関係からもわかるように，pHが約10以上ではpHの減少とともに腐食速

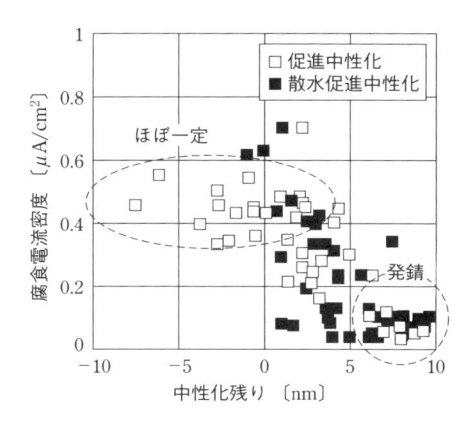

図 3.7　中性化残りと腐食電流密度の関係
　　　　（参考文献 6 を基に作図）

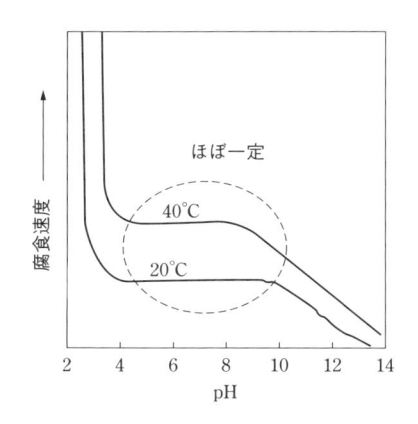

図 3.8　腐食速度と pH の関係
　　　　（参考文献 7 を基に作図）

度は増加するが，pH10 を過ぎると腐食速度はほぼ一定となることによる．ただし，炭酸化反応による pH の低下は，鋼材の腐食反応が起こりやすくなる補助的な要因であり，酸素と水の存在が腐食反応に不可欠であることはいうまでもない．

3.3 塩　　害

　鋼材周囲に形成されている不動態被膜は，前節で説明したpHの低下以外にも，ハロゲンイオンの存在により破壊される．塩害とは，ハロゲンイオンである塩化物イオンの侵入によって不動態被膜が破壊され鋼材が腐食しやすくなり，以降は中性化と同じように腐食生成物の体積膨張によるひび割れ，はく離の発生，腐食の促進，構造性能の低下という劣化のことをいう．劣化原因である塩化物イオンは，海水や融氷剤のように外部環境から供給される場合と，コンクリート製造時に材料から供給される場合とがある．塩害の特徴的なメカニズムは，①塩化物イオンの侵入，②塩化物イオンによる鋼材腐食の助長であり，さらに，鋼材腐食の形態がマクロセル腐食となりやすく，一般に中性化と比べて腐食速度が速い．

3.3.1　塩化物イオンの侵入

　コンクリート中で存在する塩化物イオンは，①コンクリート製造時に混入，②外部環境からの供給，の2つの方法によって供給される．コンクリート製造時の混入は主に洗浄が不十分な海砂の使用によるものであり，塩化物イオンの総量規制が定められる前に建造された構造物では注意が必要である．外部環境からの供給は，主に海からの供給と凍結防止剤の散布による．

　海からの塩化物イオンの供給は，海水が構造物に直接接触する場合と，飛来塩分として供給される場合に分けられる．飛来塩分として供給される塩化物イオン量は，海水中の塩化物イオン濃度，風速，風向，構造物までの距離とその間の地形などの影響を受ける．このため，実際に供給される塩化物イオン量を知るためには，対象とする構造物付近で計測，あるいは過去に計測したデータを活用する必要があるが，土木学会の示方書[8]では，過去の調査結果に基づいて簡易的に**表3.1**に示す環境区分とコンクリート表面における塩化物イオン濃度の関係を提示している．なお，この塩化物イオン濃度とはコンクリートの極表層部に存在する全塩化物イオン濃度を意味し，実際にコンクリート構造物に供給された塩化物イオン量とは異なる．コンクリート表面における塩化物イオンの移動現象（外部環境とのやり取り）の理論的検討は非常に少ないが，移動現象としては吸着と拡

表3.1 環境区分とコンクリートの表面における塩化物イオン濃度の関係

飛沫帯	海岸からの距離〔km〕				
	汀線付近	0.1	0.25	0.5	1.0
13.0	9.0	4.5	3.0	2.0	1.5

散によって表現できると考えるのが一般的のようである．ただし，乾湿繰返しなどの複雑な環境条件，コンクリートの品質（細孔量，セメント量など）などの影響も受けるため，未解明な点が多いのが現状である．

コンクリート中に存在する塩化物イオンの特徴は，コンクリートの細孔溶液に存在する他の陰イオン（OH^-など）や陽イオン（Na^+，K^+など）と電気的なバランスを保ちながら存在，液相の塩化物イオンはフリーデル氏塩などの固相の塩化物，カルシウムアルミネート水和物などの層間に吸着している塩化物イオンと化学的な平衡を保ちながら存在，炭酸化による液相のpHの低下により固相塩化物および吸着塩化物は遊離する方向に平衡が移動し，液相の塩化物イオン濃度が増加するなどの極めて複雑な挙動を示すことである．コンクリート中の塩化物イオンの移動は，これらの複雑な現象を考慮する必要がある．コンクリート中の塩化物イオンの移動を表現するモデルは，これまでにも数多く提案されているが，一例として式（3.4）を示す[9]．

$$\frac{\partial c_a}{\partial t} = \varepsilon D_{ea}\left(\frac{\partial^2 c_a}{\partial x^2} + c_a\frac{\partial^2 \varphi}{\partial x^2}\right) + \frac{D_w}{\rho_w}\frac{\partial \rho_w}{\partial x}\frac{\partial c_a}{\partial x}$$
$$+ c_a\frac{\partial}{\partial x}\left\{\frac{D_w}{\rho_w}\left(\frac{\partial \rho_w}{\partial x}\right)\right\} + f_a(c_{a=1,\cdots\Re}, c_{b=1,\cdots\Im}) \tag{3.4}$$

ここに，c_aはイオン種aの濃度，右辺第1項は拡散によるイオン移動項，第2項はイオン拡散による電場によるイオン移動項，第3項は水分移動項，第4項は水分の逸散・凝集による濃縮・希釈項，第5項は化学反応によるイオン種aの生成・消滅項を表したものである．この式に電気的中性条件，水分の質量保存条件を加えて，解を数値計算により求めることになる．加えて，塩化物イオンの供給が海水中のように常に供給されている状況か，あるいは飛沫帯のような乾湿繰返し環境下であるかを考慮して，適切な境界条件を設定することが必要となる．このように，塩化物イオンの移動を規定する現象を詳細に表現できるモデルは，

3.3 塩害

モデルとしての汎用性が高く,モデルに用いられている種々のパラメータを決定できる状況下では強力なツールとなる.しかし,多くのパラメータを決定することは難しく,一般的には現象を簡略化したモデルが用いられている.最も代表的なモデルは,塩化物イオンの移動を拡散現象により代弁し,コンクリート中の全塩化物イオン濃度 (C) が拡散則に従うとして,見かけの拡散係数 (D_a) を用いFickの第2法則を基礎とする方法である.

$$\frac{\partial C}{\partial t} = D_a \frac{\partial^2 C}{\partial x^2} \tag{3.5}$$

ここに,t は時間,x は位置を表す.境界条件が一定 (C_0) の条件下では,この式に解析解が存在し,時間 t,深さ x における全塩化物イオン濃度は,式 (3.6) で記述される.

$$C - C_i = (C_0 - C_i)\left\{1 - \mathrm{erf}\left(\frac{x}{2\sqrt{D_a t}}\right)\right\} \tag{3.6}$$

ここに,C_i は初期にコンクリート中に存在する全塩化物イオン濃度,erf は誤差関数である.

式 (3.5) で表現されるモデルは,前述した複雑な塩化物イオンの移動を,境界条件であるコンクリート表面における塩化物イオン濃度 (C_0) と見かけの拡散係数 (D_a) の2つのパラメータで表現しているものであり,現実の環境条件およびコンクリート中の塩化物イオンの拡散係数とは異なる値を示す.一言にコンクリートの塩分拡散係数といっても,測定の方法が異なればその意味は異なる.詳細は参考図書1に譲るが,実効拡散係数,見かけの拡散係数などがあり,それぞれの物理量の意味を理解して使用することが重要である.例えば,電気泳動によって求めた実効拡散係数 (JSCE-G571) を式 (3.6) の D_a に代入し,深さ x における全塩化物イオン濃度 (C) の経時変化を計算することは,当然のことながら間違いである.見かけの拡散係数は,塩化物イオンの固定化現象などを包含したコンクリート中の全ての塩化物イオンを対象とした物理量であるのに対して,実効拡散係数はコンクリート中の細孔溶液中に存在する塩化物イオンの電気泳動のしやすさを表す物理量である.式 (3.6) により,コンクリート中の全塩化物イオン濃度を計算するためには,浸漬試験によるコンクリート中の塩化物イオンの見かけの拡散係数試験 (JSCE-G572) や,実構造物におけるコンクリート中の

全塩化物イオン分布の測定（JSCE-G573）から，見かけの拡散係数を求める必要がある．

3.3.2 塩害による鋼材の腐食

高アルカリ環境下における鋼材は不動態化しており，腐食し難い状態にあることは述べた．このメカニズムは明確ではないが，鋼材表面に酸素が化学吸着し，さらに緻密な酸化物層が生じることによって厚さ3nm程度の不動態被膜が形成されると説明されるのが一般的である．塩化物イオンが侵入してくると，化学吸着している酸素原子あるいは水分子中に塩化物イオンが割り込み，この部分で不動態被膜が破壊されるとされている．不動態被膜が破壊するとき（腐食開始）の全塩化物イオン濃度を腐食発生（あるいは発錆）限界塩分量（あるいは限界塩化物イオン濃度）という．本書では，発錆限界塩化物イオン濃度と称す．では，発錆限界塩化物イオン濃度はいくつか？ **表3.2**は，これまでの代表的な実験結果をまとめたものであるが，その限界値をある一つの定量値として捉えることは極めて難しい．示方書[8]ではこの限界値として，過去の調査結果をもとに安全側の評価として，単位コンクリート中における全塩化物イオン濃度を$1.2\,\mathrm{kg/m^3}$と定めている．

不動態被膜が破壊された鋼材は活性態となり，鋼材表面では次のような腐食反応が電気化学的機構によって進行する．

　　　　アノード反応　　　$Fe \rightarrow Fe^{2+} + 2e^-$

表3.2 発錆限界塩化物イオン濃度[10]

発錆限界全塩化物イオン濃度		腐食面積率〔%〕の変化	試験期間〔年〕	試験条件		かぶり〔mm〕	W/C〔%〕
単位コンクリート〔kg/m³〕	セメント従量〔mass%-cement〕			温度〔℃〕	湿度〔%〕		
2.5 ～ 3.7	0.64 ～ 0.95	1 → 4	3	20	90	20	50
2.3 ～ 3.9	0.75 ～ 1.25	2 → 8	4	屋外暴露（内陸）		35 55	56
1.4 ～ 2.3	0.42 ～ 0.68	5 → 60	9			40	55
1.8 ～ 3.0 3.0 ～ 4.2 3.0 ～ 4.2	0.6 ～ 1.0 1.0 ～ 1.4 1.0 ～ 1.4	5 → 20 5 → 20 5 → 20	10			10 20 30	60

カソード反応 　　　$O_2 + 2H_2O + 4e^- \rightarrow 4OH^-$
腐食全反応 　　　$2Fe + O_2 + 2H_2O \rightarrow 2Fe^{2+} + 4OH^- \rightarrow 2Fe(OH)_2$

　この化合物は溶存酸素によって酸化し水酸化第二鉄（$Fe(OH)_3$）となる．この化合物は水を失って水和酸化物 $FeOOH$（赤錆）となり，また一部は酸化不十分のまま Fe_3O_4（黒錆）となって鉄表面に錆層を形成する．この錆層は多孔質であるため，たとえ厚く生成しても腐食を抑制する効果は小さく，下地の鉄表面では常に腐食が進行している．また，錆は鉄よりも大きな体積（約 2.5 倍）を占めるので，その膨張圧がコンクリートのひび割れを引き起こし，ひび割れから腐食因子が容易に侵入できるようになるため，腐食の進行は加速する．

　腐食形態は，ミクロセル腐食とマクロセル腐食に大別され，マクロセル腐食とは，アノード反応とカソード反応が異なる位置で生じている腐食形態を，ミクロセル腐食は両反応がほぼ同位置で生じ，明確に両者の位置を区分できない腐食形態のことをいう．図 3.9 は，同一試験体中の全塩化物イオン濃度分布を設定し（左半分：$1.2\,kg/m^3$，右半分：$4.8\,kg/m^3$），強制的にマクロセル腐食反応を生じさせた場合の腐食電流密度の測定結果である．なお，塩化物イオンはコンクリート製造時に水に溶かして練り混んでいる．電流密度は，マイナスがアノード反応，プラスがカソード反応を示す．アノード反応が生じている部分と，カソード反応

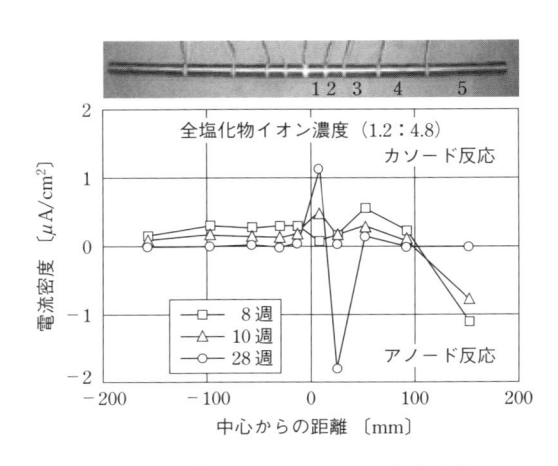

図 3.9　マクロセル腐食の例（$W/C = 0.5$，全塩化物イオン濃度
　　　　左：右 = $1.2 : 4.8$〔kg/m^3〕）

が生じている部分が異なる，すなわちマクロセル腐食であることがわかる．測定結果の電流密度の経時変化を示したものが図 3.10 である（凡例の数字は図 3.9 中の鋼材に付した番号を意味する）．時間の経過とともに，同一鋼材においても反応の形態がアノード反応からカソード反応（あるいはカソード反応からアノード反応）に変化する様子がわかる．さらに，同一試験体中の全塩化物イオン濃度を一定（$4.8\,\text{kg/m}^3$）とした場合でも，明らかにマクロセル腐食が発生していることがわかる（**図 3.11**）．これは，複合材料であるコンクリートは非均質であり，鋼材表面に存在する腐食因子（塩化物イオン，水，酸素）の濃度が一定でないた

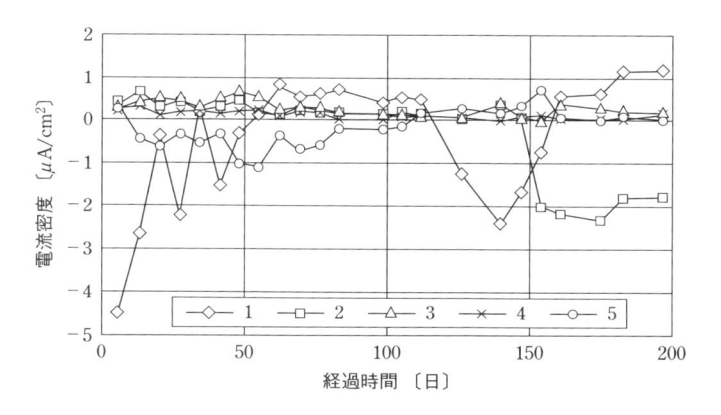

図 3.10　マクロセル腐食電流の経時変化の例（$W/C = 0.5$）

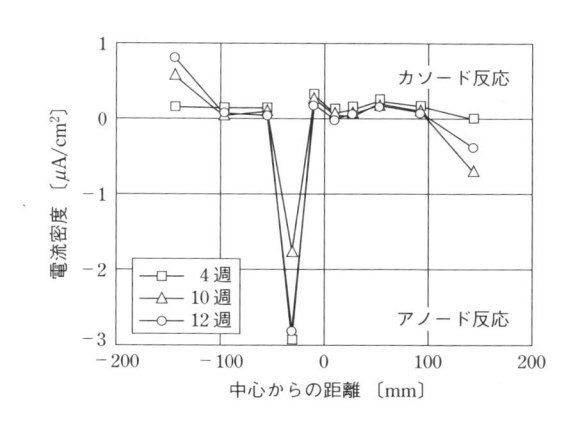

図 3.11　マクロセル腐食の例（$W/C = 0.5$，全塩化物イオン濃度一定 $4.8\,\text{kg/m}^3$）

めに（濃度分布が生じている），マクロセル腐食が発生していると考えられる．このように，マクロセル腐食反応は腐食因子（塩化物イオン，水，酸素）の微妙なバランスによって，その反応形態が変化する非常に複雑なメカニズムであり，未解明な点が多く残されている．

腐食生成物の体積膨張圧によるひび割れ発生に及ぼす要因としては，腐食量，鋼材の径，かぶり，あき，なども関係している．一般的には，かぶりが大きくなるとひび割れ発生時の腐食量も大きくなり（ひび割れ発生までの時間が長い），鋼材径が大きくなるとひび割れ発生までの時間が長くなる傾向にある．土木学会の示方書[11]では，「鋼材径やかぶりによって値は異なるが，$10\ \mathrm{mg/cm^2}$ をひび割れ発生時の腐食量である」という記述があるため，一般的にはこの値をひび割れ発生時の腐食量のしきい値として設定することが多い．

3.3.3 塩害による構造性能の低下

コンクリート中の鋼材の腐食が，鉄筋コンクリート部材の構造性能に及ぼす影響として，鋼材の断面減少に伴う耐力の低下（図 3.12），および腐食生成物やそれに伴う腐食ひび割れの発生等により生じるコンクリートと鋼材間の付着強度の低下が挙げられる（図 3.13）．特に，塩害のようにマクロセル腐食の形態をとりやすい場合，鋼材断面が局所的に減少することが懸念され，コンクリートと鋼材間の付着強度の低下と合わせて，部材の変形や破壊の局所化を招くことが考えら

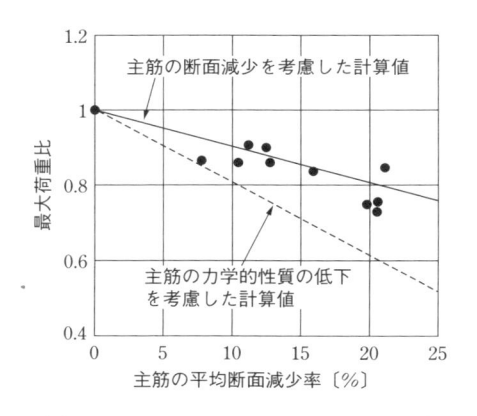

図 3.12 鋼材の腐食量と耐荷力の関係[12]

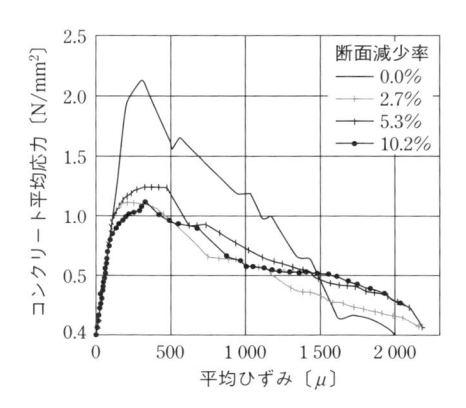

図 3.13　鋼材腐食による鋼材とコンクリートの付着強度の低下[13]

れる．しかしながら，鋼材の腐食程度と構造性能の低下の関係については未だ定量的な評価手法が確立されていないのが現状である．なお，最近のこれらの研究は参考図書 2 にまとめられており，参考とするのがよい．

3.4 凍　　害

　一般的にコンクリートの凍害は，雰囲気温度の変化により"打設されたコンクリートが硬化する以前の初期材齢において凍結してしまい強度不良を生ずる現象"と，"強度発現が進んだ構造物においてコンクリート中の水分の凍結と融解の繰返しによりひび割れやポップアウトを伴い劣化する現象"に大別されるが，本節では後者の凍結融解による硬化コンクリートの劣化現象を対象に述べる．

　凍害の劣化メカニズムは，1945年にT.C. Powersが発表した「水圧説（Hydraulic pressure theory）」が発端となる（参考図書3参照）．水は，自由に膨張できる状況では凍結時に約9％の体積膨張を生じるが，セメントペースト内部では細孔などの空隙組織の壁によってその膨張が拘束される．この体積膨張を緩和するのに必要な自由空隙（空気で満たされた空隙）が存在しない場合，大きい圧力が生じ，その圧力がコンクリートの引張強度に達したときに，ひび割れ（組織のゆるみ）が生ずるものとされている．その後，凍結過程において供試体が収縮する，凍結速度より凍結期間の影響が大きいなどの，水圧説では説明困難な現象が確認され，水圧説の一部が修正されている．凍結による破壊作用は主として毛細管水の凍結膨張によるものであるが，ゲル空隙中の水も重要な役割を果たすと考え，毛細管の内部で氷晶が生成されると，より小さなゲル空隙中の未凍結水が氷晶に向かって移動するという機構が付け加えられた．これがいわゆる「浸透圧説（Osmotic pressure theory）」である（参考図書4参照）．

　以上の説が，コンクリートの凍害の説明に一般的に用いられているが，現時点では，凍害による劣化進行を定量的に表現することは難しい．そのため，劣化防止対策として，混和剤（AE剤，AE減水剤）を使用してエントレインド・エアを適量混入させるのが一般的である．また，JIS A 1148（コンクリートの凍結融解試験方法）によって，耐凍害性の評価が行われている．

3.4.1　凍害の要因

　コンクリートの凍害の主な要因は，最低温度，日射，凍結融解繰返し回数などの環境要因，コンクリートの含水状態（含水率），コンクリートの空隙構造と組

織の強さなどのコンクリートの品質である．例えば，品質の悪いコンクリート（一般には，空隙が多く強度が低い）であっても，コンクリート中に水が存在しなければ（含水率＝0）凍結する水がないため，凍害は発生しない．また，コンクリート中に水が存在しても，その水が凍結しないような環境下や，凍結しても凍結融解繰返しがほとんどない環境下にあるコンクリートであれば，この場合も凍害は発生しない．では，コンクリート中の水はどのような条件で凍結するのか，に関して考えてみる．

(1) 凍結水量

コンクリート中の水は，空隙の径によって氷点降下が生じることが知られている．これまでにも，Kelvin式あるいはClausis-Clapeyron式を基本とした熱力学的な検討や，水が氷に相転移する際の発熱を利用し凍結水分量を測定した検討などが行われており，-20℃においても凍結しない水がセメント硬化体中には存在することが示されている．

図3.14は，凍結融解試験前（試験開始時），50サイクル後（50サイクル），および20℃封緘養生を50サイクルと同じ期間施した試験体（20℃養生：凍結融解試験は実施せず）の，水銀圧入法により測定した細孔径分布の結果を示している．一般的な凍結融解試験に準拠し前養生を14日としているため，凍結融解試験中もセメントの水和が進行し，試験開始時に比べ20℃養生の細孔構造は緻密化していることがわかる．

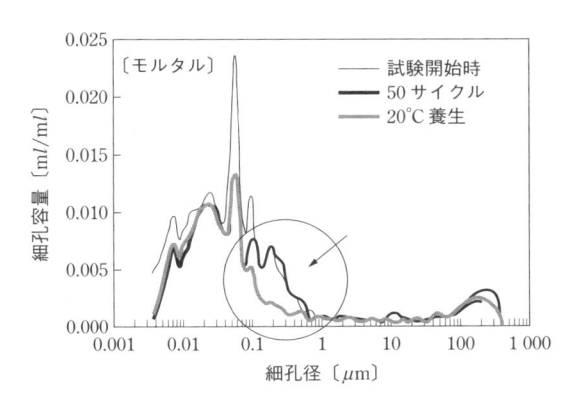

図3.14 凍結融解試験前後および20℃連続封緘養生の細孔径分布 [14]

3.4 凍　　害

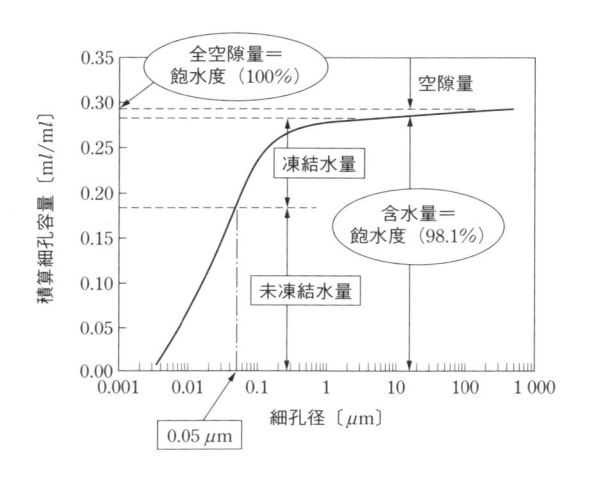

図 3.15　凍結水量の概念図 [14]

　また，50サイクルと20℃養生の差は，主に凍結融解作用が細孔構造に及ぼす影響を示しているが，約0.05 mm以下の細孔径分布はほぼ同じであり，凍結融解作用による水和反応の阻害を受けていないと考えられる．すなわち，水銀圧入法によって得られる細孔径分布の約0.05 mm以下に存在する水は，凍結しない可能性があることが確認できる．本書ではこれを，凍結最小径と称す．この事実からコンクリート中に存在する水の状態を，図3.15に示すような概念として捉えることができる．図のような空隙構造を有したセメント硬化体が，小さな細孔径から水が含水率に相当する量だけ満たされているとする（図は含水率98.1％の場合）．ここで，−20℃となった場合，凍結最小径以下の積算細孔容量と同量の水が未凍結水量，それ以外が凍結水量となり，この凍結水量がコンクリートの凍害に影響する水量と考えることができる．

3.5 アルカリシリカ反応

　アルカリ骨材反応は，ある種のシリカ鉱物や炭酸塩を含有する骨材が，強アルカリを呈するコンクリート中の細孔溶液と反応して，骨材の周囲にアルカリシリカゲルを生成する．このゲルは，吸水・膨潤する性質があり，コンクリートに異常な膨張やそれに伴うひび割れを発生させる．アルカリ骨材反応には，アルカリシリカ反応（ASR）とアルカリ炭酸塩反応の2種類があるが，我が国で主に被害が確認されているのはASRである．

　1930年代に米国で発見されたコンクリート構造物の異常なひび割れが，1940年にStantonによってASRによるものであると報告されたのが，ASRについての最初の報告である．その後1970年代前後から欧米諸国でASRへの関心が高まった．我が国では，1970年代以前には，東北地方や中国地方の日本海側などで，2，3の劣化報告が見られたが，全国的な問題としては捉えられていなかった．その後，1980年頃に阪神高速道路公団が管轄する橋脚にてASRによる劣化が発見され，同時期に北陸，中国，四国，九州などの地域にて，安山岩砕石をコンクリートに使用した構造物で相次いで確認された．また，チャート砕石を使用した構造物での劣化事例も東海地方などで確認された．これらを契機として，全国的な調査が開始され，ASRによる劣化を受けた構造物が我が国の幅広い地域に分布しており，反応性骨材も火山岩，堆積岩などを起源とする多種多様な岩種のものが存在することが明らかとなった．同時に，骨材のアルカリ反応性を判定する試験方法（現在，JIS A 1145，JIS A 1146，JIS A 1804）やASR抑制対策が確立され，1990年代以降は，特殊な場合を除いて，新設構造物でのASRの発生はほとんどなくなってきている．

　ただし，既存構造物の場合では，ASRによる異常膨張により鉄筋破断を伴う大きな損傷が発生する事例も報告されており，最近ではこのような構造物の耐荷性能の評価が問題となっている．ASRによる鉄筋破断の問題と対応に関しては，参考図書5に取りまとめられている．

　ASRが発生したコンクリート構造物では，コンクリート内部でのASRの進行およびそれに伴う微細なひび割れの進展と，コンクリート表面での比較的大きな

3.5 アルカリシリカ反応

図3.16 ASRによる劣化事例
(亀甲状のひび割れ：加藤絵万氏撮影)

ひび割れの発生が生じている（**図3.16**）．ASRによって生じるひび割れの状態は一様ではなく，環境条件（温度，湿度，日射など）および鋼材量や外部拘束の有無による拘束条件の影響を大きく受けたものとなる．無筋または鉄筋量の少ないコンクリート構造物では，網目状または亀甲状のひび割れがコンクリートの内部にまで発達するが，軸方向鉄筋やPC鋼材により膨張が拘束される場合は，これらの鋼材に沿った方向性のあるひび割れが発生することが多くなる．

新設コンクリート構造物に対し，ASRによる劣化を防止する基本的な方法は，ASRを生じる発生要因を断つことである．発生要因としては，①アルカリ反応性のある骨材の使用，②コンクリート中に含まれるアルカリ量の増加（セメント中のアルカリ量および海水，凍結防止剤などから供給されるアルカリ量など），③コンクリートへの水分の供給，が挙げられる．

アルカリ反応性の骨材の判定方法は，前記したようにJISとして規格化されている．しかし，これらの試験方法による反応性の判定は，あくまでも工学的なものである．骨材には反応性の骨材と非反応性の骨材の2種類の骨材があるわけではなく，実際には，全てのシリカ鉱物は強アルカリ中では何らかの変質を示す．この変質が構造物の供用期間中に生じるか否か（速度の大小）が問題となるので，試験により便宜的に「無害」「無害でない」と分けているに過ぎない．無害と判定された骨材でも，極端にアルカリ量が多く環境温度が高い場合などには，膨張を示す場合もある．また，無害と判定された骨材のみを使用することが望ましいが，過去の調査結果によれば「無害でない」と判定された骨材は，各地に点在しており，これらの骨材を排除することは難しい状況にある．このため，コンクリート中のアルカリ量を抑える方法が重要な役割を担う．セメント中のアルカリ量

は，1980 年代前半では約 0.7％であったものが，最近では 0.6％以下に抑えられている．コンクリート中のアルカリ総量は，セメント中のアルカリ量とセメント量の積で計算でき，ASR を抑制するためにはアルカリ総量を 3 kg/m^3 以下にする必要がある．すなわち，約 20 年間で単位セメント量の上限値（アルカリ総量規制の観点から）430 kg/m^3 が 500 kg/m^3 に変化したことになる．また，コンクリート用混和材として使用されている高炉スラグ微粉末，フライアッシュ，シリカフュームなどを，ある値以上の率でセメントと置換して結合材として用いると，ASR を抑制することが可能である．これは，混和材を使用すると，コンクリートの細孔溶液中の OH$^-$ イオンの量を減らしたり，アルカリイオンを骨材のシリカより先に消費したりする効果があるためである．

　ただし，適切な量を使用しないと，ASR を助長する場合もあり注意が必要である．一般には，高炉セメント B 種（スラグの分量：30％を超え 60％以下，A 種：5％を超え 30％以下，C 種：60％を超え 70％以下）が ASR 対策として広く用いられている．

3.6 化学的侵食

　化学的侵食は，侵食性物質とコンクリートとの接触によるコンクリートの溶解・劣化や，侵食性物質とセメント組成物質や鋼材との反応により体積膨張が生じ，ひび割れやかぶりのはく離などを引き起こす劣化現象の総称である．劣化要因は，酸類，アルカリ類，塩類，油類，侵食性ガスなど多岐にわたり，生じる劣化状況も様々である．

　酸類には，塩酸，硫酸，硝酸，リン酸などの無機酸や，ギ酸，酢酸，乳酸などの有機酸のみならず，動植物性油においても脂肪酸を含む場合には，脂肪酸が遊離し酸として作用する．酸による化学的侵食の特徴は，侵食が表面から徐々に内部へ向かって進行することである．反応により表層部のセメント硬化体が軟化し，さらに結合能力を失うと脱落する．これにより，セメント硬化体のみが洗われたような状態となり骨材が露出する．さらに侵食が進むと，マトリックス部が骨材を保持できなくなり，骨材の欠落が生じ始める．侵食の程度を左右する大きな要因の一つは酸の強さであり，一般的には酸が強くなるほど（pHが低くなるほど）侵食の程度は大きくなる．**図3.17**は，普通ポルトランドセメントを用いた水セ

pH0.5　pH1.0　pH1.5　pH3.0
$W/C=40\%$モルタル　硫酸溶液3か月浸漬後

図3.17　硫酸溶液浸漬後の外観 [14]

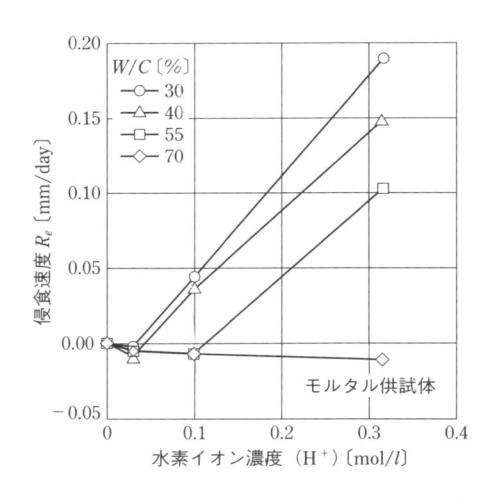

図3.18　水素イオン濃度と侵食速度の関係 [14]

第3章 コンクリート構造物の劣化メカニズム概論

　　　W/C=30% W/C=40% W/C=55% W/C=70%　　　W/C=30% W/C=40% W/C=55% W/C=70%
　　　　　　モルタル供試体　　　　　　　　　　　　　モルタル供試体
　　　　pH0.5硫酸溶液3か月浸漬後　　　　　　　pH3.0硫酸溶液3か月浸漬後

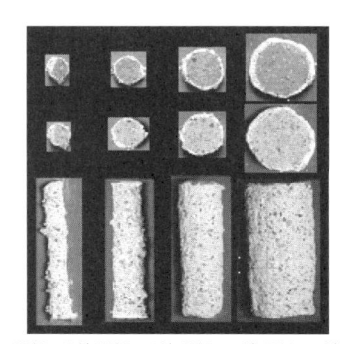

図 3.19　異なる pH の硫酸溶液浸漬における水セメント比の影響 [14]

メント比 40％のモルタル供試体を，異なる pH の硫酸溶液に浸漬したときの侵食および中性化の状況である．明らかに pH が低いほど激しい侵食となり，細骨材が露出していることがわかる．また，水素イオン濃度と侵食速度には比例関係があることがわかる（**図 3.18**）．

　一般的なコンクリートの知識として，水セメント比が低いほど高強度・高耐久になると考えられるが，環境条件や材料条件によっては，低水セメント比なコンクリートほど侵食が激しくなる場合もある．

　図 3.19 は，この代表的な例を示しているが，低 pH 環境では低水セメント比なモルタルほど，激しい侵食が確認できる．これは，硫酸とセメント水和物の反応により，溶解度が比較的低い二水セッコウが沈殿し個体の体積が増加するが，この体積増加が膨張圧を発生させ，はく離・はく落が生じる．このとき，低水セメント比は，セメント水和物量が多く，空隙構造が緻密な硬化体であるため，二水セッコウの生成による膨張圧の影響が大きく，高水セメント比よりも早期にはく落を生じるものと考えられる．

3.7 疲　　　労

疲労とは，材料の静的強度に比較して小さいレベルの荷重作用を繰り返し受けることにより破壊に至る現象のことをいう．コンクリート構造物における疲労は，構成材料である鋼材あるいはコンクリートに，繰返し荷重によりひび割れが発生し，それが進展することにより最終的には常時の荷重下において部材が破壊に至るものと考えられている．疲労もその他の劣化と同じく，コンクリート構造物の品質と繰返し荷重の特性が，その劣化を支配している．繰返し荷重を受ける構造物の種類を大別すると，海洋構造物，鉄道構造物および道路構造物が挙げられる．海洋構造物に作用する繰返し荷重の変動幅は大きく，さらに波力等を考慮すると作用位置が不規則であり，外力作用を定量的に把握することが最も困難な構造物といえる．鉄道構造物に作用する荷重，頻度および作用位置は最も明確に定義できる．また，道路構造物の作用荷重，頻度および作用位置は鉄道構造物ほど明確ではなく，しかも古い構造物では車両の大型化に伴い設計時に想定された荷重と実荷重との差異が大きくなっており，車両種別等の交通量調査を行い，実荷重を可能な限り正確に把握することが重要である．なお，有料道路の場合は，実際に通過した車両数量や車両質量が比較的簡単に把握することが可能である．

RC床版の疲労の進行は定量化されていないものの，ひび割れの状態（ひび割れ密度・ひび割れ幅など）から，劣化進行を評価できると考えられている（**図3.20**）．

RC梁の疲労も，部材として劣化進行を評価することは難しく，土木学会コンクリート標準示方書［維持管理編］においては，「補強鋼材の亀裂進展則または線形累積損傷則によってよい」とされている．示方書に示される梁の損傷進行予測の方法は，以下のとおりである．

（1）　亀裂進展則

補強鋼材の疲労亀裂進行速度（da/dN）と応力の関係は，亀裂進展則によれば次式で表される．

$$\frac{da}{dN} = C \cdot \Delta K^m \tag{3.7}$$

ここに，aは亀裂長，Nは繰返し回数，Cは係数，ΔKは応力拡大係数（$=\Delta\sigma\sqrt{\pi a}$），

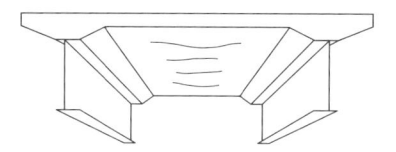

① 乾燥収縮，載荷による主筋に沿った一方向ひび割れが数本

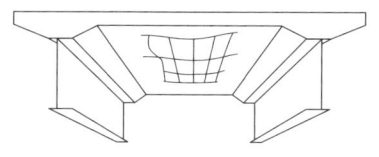

② 格子状のひび割れ網が形成

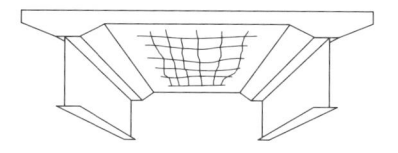

③ ひび割れの細網化が進み，ひび割れ幅の開閉やひび割れ面のこすり合わせが始まる

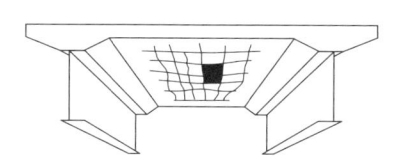

④ ひび割れが貫通し床版の連続性が失われる

図 3.20　道路橋床版疲労の概念図

m は係数，$\Delta \sigma$ は応力振幅である．

また，式（3.7）は以下のように簡略化できる．

$$\Delta \sigma^m \cdot N_f = 一定 \tag{3.8}$$

ここに，N_f は疲労寿命回数である．

（2）線形累積被害則（マイナー則）

マイナー則とは直線被害則ともいわれ，式（3.9）に示すように，作用応力振幅 S_{ri} の繰返し回数 n_i とその作用応力振幅 S_{ri} による疲労寿命 N_i との比が被害度を表す．

$$M = \sum_i \frac{n_i}{N_i} \tag{3.9}$$

ここに，M は累積疲労損傷度，n_i は作用応力振幅 S_{ri} の繰返し回数，N_i は作用応力振幅 S_{ri} による疲労寿命である．

しかし，コンクリート中の鋼材亀裂のモニタリングは難しく，外観の損傷状況からだけでは内部の損傷状況を判断できない場合が多い．比較的軽微なひび割れ部分のコンクリートをはつって内部を見ると，鋼材の腐食が想像以上に深刻な状況となっていることもある．またマイナー則に関しても疲労寿命が材質により異なり，それらの不明な部材に関しての破壊時の判定が難しいのが現状である．

演習問題

① 中性化による鉄筋腐食におけるコンクリート中の"水"の役割を述べよ．
② 鉄筋腐食は2種類の腐食形態を示すが，各々を簡潔に述べよ．
③ 塩化物イオンが鉄筋腐食に及ぼす影響を簡潔に述べよ．
④ 「コンクリート中に存在する水は，環境温度が0℃以下になると完全に凍結する」は，正しい記述か？
⑤ ASRの発生を防ぐ方法を述べよ．

[参考図書]

1) コンクリートの塩化物イオン拡散係数試験方法の制定と規準化が望まれる試験方法の動向，コンクリート技術シリーズ55，土木学会，2003
2) 材料劣化が生じたコンクリート構造物の構造性能，コンクリート技術シリーズ71，土木学会，2006
3) Powers, T.C.：A Working Hypothesis for Further Studies of Frost Resistance of Concrete, ACI Journal, Proceedings, Vol.41, pp.245-272, 1945
4) Powers, T.C. and Helmuth, R.H.：Theory of Volume Changes in Hardend Portland-Cement Paste During Freezing, Proc. of Highway Research Board, Vol.32, pp.285-297, 1953 7
5) アルカリ骨材反応対策小委員会報告書―鉄筋破断と新たなる対応―，コンクリートライブラリー124，土木学会，2005

[参考文献]

1) 小林一輔，出頭圭三：各種セメント系材料の酸素の拡散性状に関する研究，コンクリート工学，Vol.24, No.12, pp.91-106, 1986
2) Wiering H. J.：Longtime studies on the carbonation on concrete under normal outdoor exposure, RILEM Seminar Durability of Concrete Structures under Normal Outdoor Exposure, pp.239-249, 1984
3) 小林一輔：コンクリートの炭酸化に関する研究，土木学会論文集，No.433V-15, pp.1-14, 1991
4) 福島敏夫，友澤史紀：コンクリートの中性化深さの物理化学的意味について，セメント・コンクリート論文集，No.43, pp.424-429, 1989
5) 小林一輔，白木亮司，河合研至：炭酸化によって引き起こされるコンクリート中の塩化物，硫黄化合物及びアルカリ化合物の移動と濃縮，コンクリート工学論文集，Vol.1, No.2,

pp.69-82, 1990
6) 佐伯竜彦, 大即信明, 長瀧重義：中性化によるモルタル中の鉄筋腐食の定量的評価, 土木学会論文集, No.532, pp.55-66, 1996
7) 伊藤伍郎：腐食科学と防食技術, コロナ社, 1979
8) コンクリート標準示方書［施工編］, 土木学会, 2002
9) Johannesson, F. B.：Transport and Sorption Phenomena in Concrete and Other Porous Media, Ph.D Thesis, Lund university, 2000
10) コンクリート構造物の長期性能照査支援モデル研究委員会：コンクリート構造物の長期性能照査支援モデルに関するシンポジウム委員会報告書・論文集, 日本コンクリート工学協会, 2004
11) コンクリート標準示方書［維持管理編］, 土木学会, 2001
12) 加藤絵万, 岩波光保, 横田弘, 中村晃史, 伊藤始：繰返し荷重を受ける RC はりの構造性能に及ぼす鉄筋腐食の影響, 港湾空港技術研究所資料, No.1079, 2004
13) 加藤絵万, 岩波光保, 横田弘, 伊藤始, 佐藤文則：鉄筋とコンクリート間の付着性能に及ぼす鉄筋腐食の影響, 港湾空港技術研究所資料, No.1044, 2003
14) 魚本健人：コンクリート構造物のマテリアルデザイン, オーム社, 2007

CHAPTER 4
維持管理計画

第4章　維持管理計画

4.1　アセットマネジメントと維持管理

　構造物の維持管理は，予定供用期間において，構造物の性能を許容範囲内に保持するための行為であり，点検，劣化機構の推定および劣化予測，性能の評価，対策の要否判定，対策の実施，記録，によって構成されている．我が国では，"Maintenance"を「維持管理」と訳し，前記した全ての行為を包含した言葉として使用されるのが一般的ではあるが，ヨーロッパでは，"Maintenance"は管理を意味し，補修や補強などに代表される対策は含まれない言葉として定義されているようである．本書では，維持管理を前記した全ての行為を包含した言葉として定義する．

　コンクリート構造物はメンテナンスフリーと考えられていた時代があったが，構造物の劣化が確認されたことを契機として維持管理の重要性が認識され，さらに最近では，社会資本を国民の資産（アセット）として捉えた，アセットマネジメントの重要性が認識されてきている．アセットマネジメントの概念は金融工学で提唱されたものであり，「預金，株式，債権などの金融資産（アセット）を，リスクおよび収益性などを勘案して，その資産価値を最大化するための活動」と定義されている．では，社会資本のアセットマネジメントとは？　必ずしも定まった定義があるわけではないが，文献[1]では，「国民の共有財産である社会資本を，国民の利益向上のために，長期的視点に立って，効率的，効果的に管理・運営する体系化された実践活動．工学，経済学，経営学などの分野における知見を総合的に用いながら，継続して（ねばりづよく）行うものである」と定義されている．また，河野は従来型の維持管理とアセットマネジメントの位置づけを，**図4.1**のように整理している[2]．アセットマネジメントシステムを広義と狭義に分けて定義し（**図4.2**），現在の構造物管理者が実施しているLCC（Life Cycle Cost）型維持管理を，図中の電算システムとして捉えている場合[1]もある．いずれにしても，対象構造物の現況と将来の保有性能を把握することが出発点であり，この結果に基づき，構造物群が社会に与える影響（経済，環境など）を把握し，費用対効果を勘案して戦略を立てることが重要となる．現在，社会資本全体の維持管理費用に関する議論の中で，投資額の平準化（毎年同じ額を維持管理費として計

4.1 アセットマネジメントと維持管理

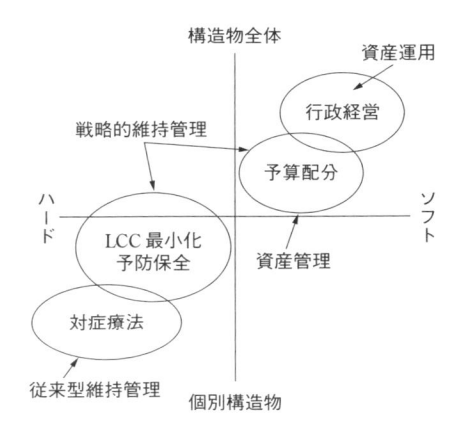

図 4.1 アセットマネジメントと従来型維持管理の位置づけ [2]

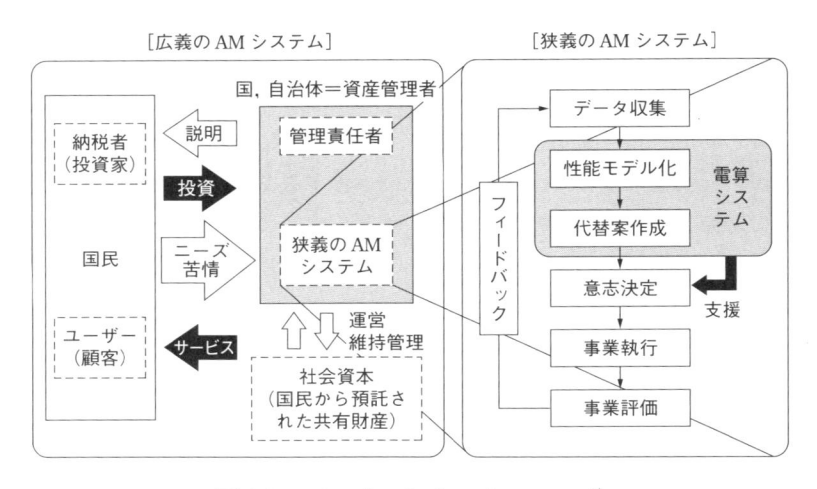

図 4.2 アセットマネジメントシステム [1]

上）がよいとされている．これは，社会資本は長期にわたって利用されるため，世代間の費用負担を均等にするのが望ましいという考え方に基づいている．

1 章の図 1.4 で示したように，我が国の社会資本は，1960 年代の高度経済成長期から急速に整備されており，平均的に社会資本整備を実施してきたわけではない．建設費に関しては，国債によりその投資額を広い世代にわたって分散している（平準化）．しかし，1 章の図 1.5 の投資予想に基づき，今後の社会資本の

第 4 章　維持管理計画

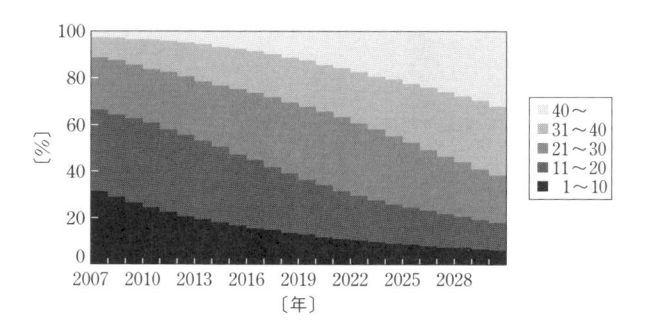

図 4.3　社会資本の年齢（建設後経過年数）構成の推移予想

年齢（建設後経過年数）構成を計算すると**図 4.3** のようになり，近いうちに，社会資本の少子高齢化状態が到来するのは，自明の事実となりつつある．このような現状で，本当に毎年ほぼ同額を社会資本の維持管理に投資すること（平準化）が，有効な手段といえるのだろうか？　単純に考えて，各社会資本の寿命が定められ，その保有性能の経時変化を正確に把握し，LCC を最小化する対策を講じることが，社会資本全体の維持管理費を最小化することにつながる．ここで，社会資本の寿命とは，利用者のニーズや，たとえニーズが少なくても社会資本としての重要性，代替手段の有無などの観点から決定されるものである．また，対策時期に関しては，一つの構造物の LCC を最小化することが，社会資本全体の LCC を最小化するとは限らない．例えば，隣接する構造物の対策方法が同じで，時期が多少ずれるような場合，対策を実施するために必要となる資機材等の調達費用が一括で実施することで低減でき，結果として対象構造物群全体の LCC が，個別構造物の最小 LCC の総和よりも低減できる可能性がある．さらに，実際の社会資本の維持管理費用の決定には，福祉，医療，環境などの他分野の状況も勘案し，国家として費用対効果が最大となる意志決定がなされるべきである．このように，社会資本の維持管理への投資額を決める際には不確定要因が多く，一つの平均的な効果を達成できる解（最適でもなく最悪でもない）として，平準化が採用されていると考えられる．今後，このような方向で社会資本の維持管理における意志決定を行うためには，個別要素を可能な限り定量的に評価する必要があり，本書の位置づけは，個別構造物の LCC 最小化のための維持管理論である．

4.2 構造物の維持管理

構造物の維持管理は図 **4.4** に示すように，維持管理計画に基づき，構造物の診断，対策の実施，記録とその保管を適切に行うことが基本となる．維持管理計画では，対象構造物の維持管理区分を設定し，想定される劣化機構を考慮して，点検計画，劣化予測方法，性能評価方法，対策の要否の判定基準など，診断の具体的な方法を設定する．なお，計画の段階では，あくまでも想定される劣化機構であり，実際に生じる構造物の劣化が真実を表しているのはいうまでもなく，想定外の劣化機構が確認されれば，随時，維持管理計画を修正する必要がある．

維持管理区分とは，対象とする構造物の社会的，経済的な重要性，第三者影響度，供用期間，さらには，点検，劣化予測や対策等のしやすさや費用も考慮して，採用すべき維持管理の方針を定義したものである．土木学会コンクリート標準示方書［維持管理編］[3]（以下，示方書）では，以下の3つの区分を定義している．

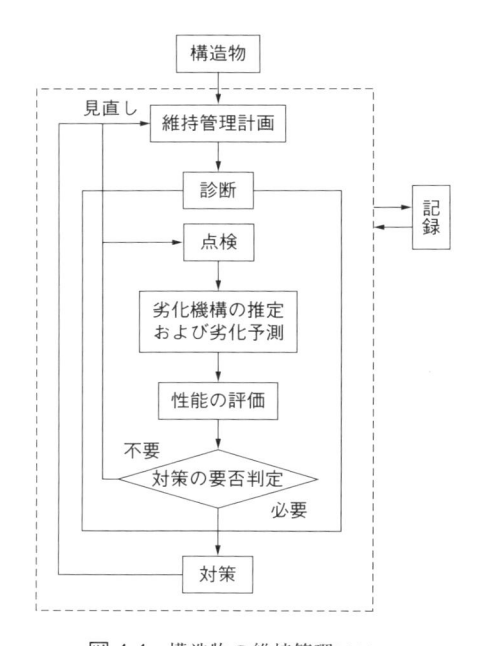

図 4.4 構造物の維持管理フロー

A：予防維持管理
① 劣化が顕在化した後では維持管理が困難なことから劣化を生じさせないもの．
② 劣化がコンクリート表面に現れることによって障害が生じるもの．
③ 第三者に対する安全性が特に重要となるもの．
④ 設計耐用期間が長いもの．

この区分の構造物は一般に重要度の高いものが多く，モニタリングを必要とする場合もある．また，劣化機構（例えば塩害）や構造物種類（例えばプレストレストコンクリート構造物）によっては，劣化が顕在化する前後では，対策コストが大きく異なる場合もある．

B：事後維持管理
① 劣化が顕在化した後でも容易に対策がとれるもの．
② 劣化が外へ現れても困らないもの．

C：観察維持管理
① 設計耐用期間の設定がなく，使用できる限り使用するもの．
② 直接には点検を行うのが非常に困難なものについて，間接的な点検（測量，地盤沈下，漏水の有無など）から評価および判定を行うもの．

設定した維持管理区分の方針に従って，想定される劣化機構を考慮して，点検計画，劣化予測方法，性能評価方法，対策の計画を策定するが，ここで重要となるのは，供用期間中の構造物の保有性能がどのように変化し（一般的には劣化によって低下する），いつ，構造物の要求性能の許容値を満足しなくなるかを把握することにある．では，コンクリート構造物にはどのような性能があるのだろうか．示方書では，構造物の性能として，以下の4つの項目を定義している．

- 安全性：一般に耐震性能を含む断面破壊に関する安全性，疲労破壊に関する安全性および構造物の安定に関する安全性
- 使用性：構造物の使用者や周辺の人が快適に構造物を使用するための性能（走行性や歩行性など），および構造物に要求される諸機能に関する性能（水密性，透水性，防音性，防湿性，防寒性，防熱性などの物質遮蔽性や透過性など）
- 第三者影響度：かぶりコンクリートのはく落，供用に伴う騒音などの構造物に

4.2 構造物の維持管理

起因した第三者への公衆災害等に関する性能
- 美観・景観：構造物の汚れや劣化による錆汁，ひび割れなどの影響を含めた周辺環境との調和に関する性能

なお，「耐久性（能）」が構造物の保有性能の経時変化を示す言葉として使用されているが，これは，前記した各性能に対する劣化予測技術や評価技術は未だ研究・開発段階であり，例えば，構成材料の劣化・損傷（鉄筋腐食，かぶりのはく落，コンクリート強度低下など）が生じた場合に，構造物の安全性や使用性などの性能がどの程度低下するかを定量的に予測することは，現状では難しい．そのため，予定供用期間中のこれらの性能の状態を一括して表現するものとして，「耐久性」が国内外において一般的に使用されているのである．したがって，耐久性を照査することにより，安全性，使用性，第三者影響度，美観・景観が予定供用期間を通じて要求水準を満足していることの照査を，代替できるとするのが一般的である．

対象とする構造物の特徴を考慮して，要求される性能項目およびその許容値が設定され，設定された性能が予定供用期間中，許容範囲内にあることが必要となる．すなわち，これらの性能の経時変化（性能低下曲線）が十分な精度で予測できるのであれば，許容値（要求性能）との比較によって，簡単に対策の要否を判断することができる．図 4.5 は，性能低下曲線と各種点検の位置づけの概念を示している．設計時に初期性能とその性能低下曲線を予測し，予定供用期間終了時点で要求性能を満足していることが，性能照査型設計では求められる（図中実線

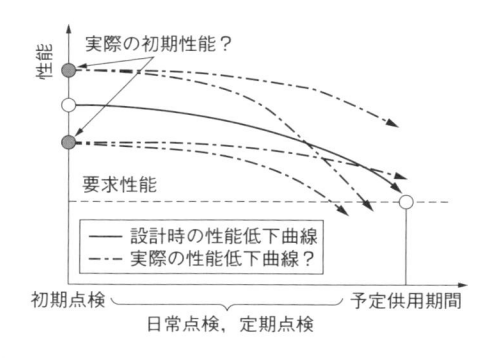

図 4.5 構造物の性能低下曲線と各種点検の位置づけ

と点線の関係)．ただし，コンクリート構造物の品質に施工が与える影響は大きく，設計どおりの性能が達成されていない場合も十分に想定される．そのため，構造物の初期状態を把握し，設計時に想定した性能低下曲線に基づいて策定された維持管理計画が妥当であるかを判断するために，「初期点検」を実施する必要がある．さらに，設計時で想定した性能低下曲線が妥当か否かを判断し，妥当でない場合に適切な性能低下曲線に修正し，実態に即した維持管理を実施するために，「日常点検」，「定期点検」を実施する必要がある．なお，点検にはこれらの他に，「緊急点検」，「臨時点検」がある．構造物が地震や台風などの天災，火災，車両や船舶の衝突による外力の作用を受けた場合や，供用期間中に設計基準などが変更された場合に実施される診断のための点検が，「臨時点検」である．また，変状を原因とした事故が構造物に発生した場合に，その事故が生じた構造物と類似の構造物あるいは類似の環境にある構造物において緊急的に一斉に実施される診断のための点検が，「緊急点検」である．

初期点検では，構造物全体についてその初期状態を適切に把握しておくことが重要であり，標準的な調査（標準調査）は，目視による方法やたたきによる調査と，設計の記録や工事記録などの書類調査である．なお，既存構造物で過去に点検を実施しておらず，初めて実施する点検や，大規模な補修・補強後に初めて実施される点検も初期点検である．そのため，対象となる構造物が，新設および大規模な補修・補強後では，経年による劣化が生じていることは希であり，書類調査ならびに目視による初期欠陥および損傷の有無の確認が主な標準調査の内容となる．一方既設構造物では，初期点検までの供用期間中に劣化が進行している，損傷が生じている，あるいは初期欠陥が処置されずに残されているなどにより，すでに構造物の性能が低下している可能性がある．このため，設計の記録や施工時の検査記録の調査，目視やたたきによる調査に加えて，非破壊試験などによる詳細な調査（詳細調査）も行う必要がある．標準調査の結果に基づき，必要に応じて詳細調査を実施するが，その判断基準としては，①変状が確認され，それが明確に劣化である場合，②変状が確認されたが，それが劣化，損傷，初期欠陥のいずれであるか不明な場合，③変状は確認さなれないが，書類調査などの結果，材料等に不具合（例えば，アルカリ骨材反応を示す骨材の使用）が認められ，点検を強化して経過を観察する必要が生じた場合，が挙げられる．

4.2 構造物の維持管理

　日常点検では，外観の損傷・変状・変形の状態，構造物の供用状態，コンクリートおよび鋼材の状態，構造細目・付帯設備等の状態，環境作用（劣化外力）の状態および既往の対策の状態について，日常の巡回で点検が可能なできるだけ広い範囲で実施する．標準調査の方法は，目視，写真，双眼鏡などによる目視調査やたたきなどによる調査，車上感覚による調査などであり，この結果に基づき必要に応じて詳細調査を実施する．その判断基準は，変状が確認され，①その変状が顕著な場合，②原因が不明な場合，③劣化が劣化予測の結果と大きく異なる場合，が挙げられる．

　定期点検は，日常点検では把握し難い部位・部材も含む構造物全体にわたって，劣化，損傷，初期欠陥の有無およびそれらの程度を把握するものであり，点検項目は，基本的には日常点検の場合と同様である．ただし，日常点検では把握し難い箇所が対象であるため，足場を設置する場合が想定されるが，このような場合には，接近して点検を行うことができるので，必要に応じて非破壊試験，コア採取などの項目を組み合わせることも有効である．例えば，塩害劣化環境にあるプレストレストコンクリート構造物の場合，腐食ひび割れや錆汁の確認後，直ちに対策を講じても手遅れとなる場合が報告されている．このような場合は，外観調査に頼り過ぎず，定期的にコア採取し塩分含有量の分析結果から，劣化の進行状況を把握しておくことが極めて重要となる．定期点検の頻度は，劣化予測結果，構造物の重要度，形式，設計耐用期間，残存供用期間，環境条件，維持管理区分，既存の維持管理の記録，経済性などを考慮して設定する必要があるが，例えば，港湾構造物は3〜10年，プラント構造物は5〜10年，道路橋は5年，鉄道施設は2年などが定期点検の間隔の目安とされている．また，劣化が顕在化し難い供用初期ではその間隔を大きくし，劣化予測結果などから劣化が顕在化すると想定される段階では間隔を小さくするなどの柔軟な対応も，重要な視点である．詳細調査の判断基準は，①劣化が確認され，その劣化機構が不明もしくは推定されたものと異なる場合，②劣化が確認され，その進行が劣化予測結果と大きく異なる場合，③変状が確認され，その原因が不明な場合，④変状は確認されないが，構造物の使用条件，荷重条件，環境作用などが著しく変化した場合，が挙げられる．

　臨時点検は，災害や事故により損傷や変状が生じた可能性のある構造物に対して行うものであり，標準調査は，まず遠隔からの目視を行い，倒壊などの危険性

がないことを確認した後,目視やたたきによる簡易な方法で実施する.調査の内容は,ひび割れ状況,断面欠損状況,浮き,はく離,はく落,漏水などの有無,変形状況,支持状態,異常音や異常な振動などが挙げられる.災害や事故による構造物の損傷は,構造的な要因に支配されるため,標準調査によって対策の検討が必要と判断される場合には,詳細調査を省略して速やかに補修・補強などの対策を実施する必要がある.

いずれの点検においても,かぶりコンクリートの浮きやコールドジョイントなど,コンクリート片が落下する可能性のある変状が発見された場合には,人や器物などの第三者に損害を与える可能性があるので,速やかに応急処置を行う必要がある.特に,応急処置を行う必要がなければ,各点検時に実施した,標準調査,詳細調査(5章参照)の結果を活用して,劣化機構の推定および劣化予測を実施する(6章参照).劣化予測の結果に基づき対策の要否を判定し,必要に応じて補修(7章参照),補強(8章参照)を実施する.これらの一連の事項を記録し,予定供用期間まで,構造物の保有性能を要求性能以上に保つことが維持管理に求められることである.

演習問題

① 3つの維持管理区分を説明せよ.
② コンクリート構造物の4つの性能を説明せよ.
③ 4つの点検を説明せよ.
④ コンクリート構造物の維持管理の流れを簡潔に説明せよ.

[参考文献]

1) 土木学会編:アセットマネジメント導入への挑戦,技報堂出版,2005
2) 河野広隆:コンクリート構造物の維持管理のあり方 再考,セメント・コンクリート,No.720,pp.15-21,2007
3) 2007年制定コンクリート標準示方書[維持管理編],土木学会,2007

CHAPTER 5
非破壊検査技術概論

第5章　非破壊検査技術概論

5.1　非破壊検査方法の種類と原理[1]

5.1.1　概　要

　近年我が国では，トンネルや高架橋などにおけるコンクリートのはく落事故により劣化診断技術の重要性が改めて認識されるとともに，劣化診断に必要な情報を得るための高度な検査技術が要求されるようになってきた．特に社会基盤を支える土木構造物が果たす役割は高く，安易に破壊して検査することができない．そこで注目されているのが非破壊検査技術である．非破壊検査は構造物を傷つけることなく，あるいは狭い範囲の破壊によって構造物の状態（構造部材の品質や構造性能など）を診断するための情報を得る試験方法である．したがって，人力によって行われる目視点検とは異なり，非破壊検査では高度な機械や器具を用いて測定が行われ，構造物内部の欠陥や異常が数値化される．

　非破壊検査方法には，①反発硬度を利用する方法，②電気・磁気を利用する方法，③弾性波を利用する方法，④電磁波を利用する方法，⑤電気化学的方法などがある[1]．また最近では，ひび割れ画像のデジタル化を目的としたデジタルカメラ法や構造物の常時監視を目的とした光ファイバセンシング法の利用も進んでいる．本章では，これら検査方法の原理と測定方法について解説する．

5.1.2　反発硬度を利用する方法[2]

　反発硬度を利用する方法は，図 5.1 に示すテストハンマーを用いてコンクリー

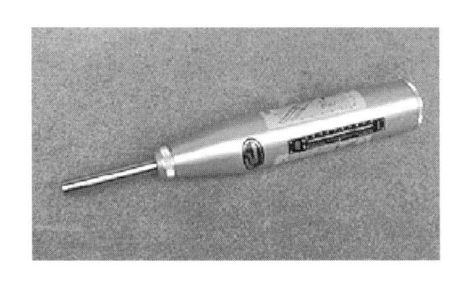

図 5.1　テストハンマー

ト表面を打撃し，その反発硬度より圧縮強度を推定する方法である．この方法は，新設構造物のコンクリートの強度管理や既設コンクリート構造物の強度推定に用いられる．測定可能なコンクリート強度の範囲は使用する機器によるが，概ね $10 \sim 60 \, \text{N/mm}^2$ である．

一般に反発硬度によるコンクリートの強度試験は，「硬化したコンクリートのテストハンマー強度の試験方法（JSCE-G504）」に準拠して行われる．以下に，JSCE-G504 による測定結果の分析方法について解説する．

① 測定反発度は全測定値 20 点の平均値を計算により求める．
② この平均測定反発度（R）に打撃方向やコンクリート試験体の状態に応じた補正を行い，基準反発値（R_0）を式（5.1）によって求める．

$$R_0 = R + \Delta R \tag{5.1}$$

このとき ΔR は次のようにして求める．

- 打撃方向が水平でなかった場合，その傾斜角度に応じて図 5.2 より求める．
- コンクリートが打撃方向に直角に圧縮応力を受ける場合は，その圧縮応力の大きさに応じて図 5.3 から求める．
- 水中養生を持続したコンクリートを乾かさずに測定した場合，$\Delta R = -5$ とする．

③ 基準反発値をもとに式（5.2）の換算式を用いてテストハンマー強度（f）を求める．

$$f \, [\text{N/mm}^2] = -18.0 + 1.27 \times R_0 \tag{5.2}$$

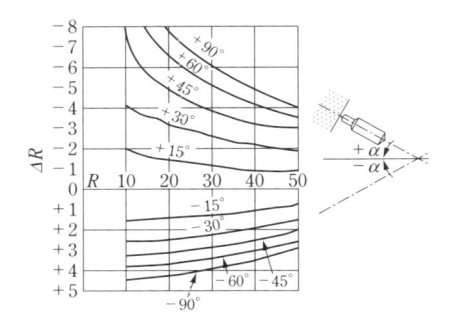

図 5.2　傾斜角と ΔR の関係 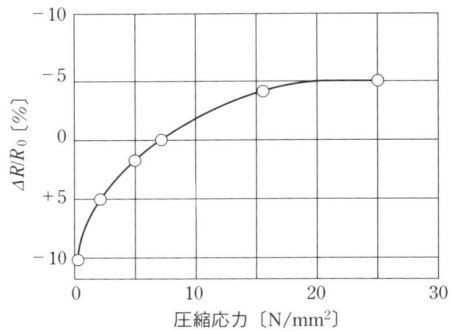　　　　図 5.3　圧縮応力と $\Delta R/R_0$ の関係

このほかの分析方法の中には，材齢やコンクリートの応力状態，中性化を考慮して補正するものや，ほかの換算式を用いるものもある．

5.1.3 電気・磁気を利用する方法[3]

電気・磁気を利用する方法は，鋼材の導電性および磁性を利用し，コンクリート中に配置されている鉄筋の位置，鉄筋径およびかぶり（厚さ）を測定する方法である．ここでは，代表的な電磁誘導法について解説する．

電磁誘導法は，交流磁場によって鉄筋に生じる二次電流によって鉄筋位置およびかぶり（厚さ）を測定する方法であり，試験コイルに交流電流を流すことによってできる磁界内に試験対象物を配置して試験を行う．電磁誘導法による鉄筋探査装置は，磁場を形成し，その影響度を求めるためのプローブと，磁場の変化により発生した電圧を測定するための測定器により構成される．電磁誘導法の測定原理を図 5.4 に，測定フローを図 5.5 に示す．測定されるコイルの電圧の変化は，鉄筋の径やコンクリート表面からの距離により変化するため，この関係を活用して，鉄筋のかぶり（厚さ），位置あるいは鉄筋径を評価する．

なお，電磁誘導法の探査深度の限界は鉄筋径にもよるが，一般的に 20 cm 程度である．また，対象とする鉄筋の種類は D13 以上かつ D38 以下の鉄筋コンクリート用棒鋼，再生棒鋼である．

電磁誘導法の各測定精度は，コンクリートの中の鉄筋位置測定において

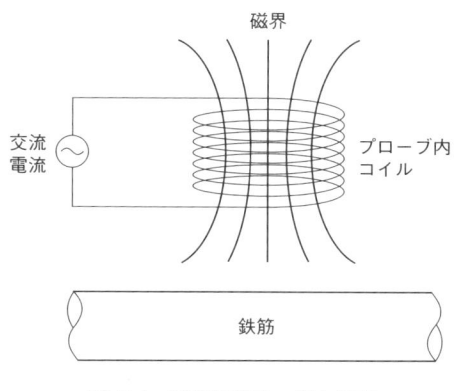

図 5.4 電磁誘導法の測定原理 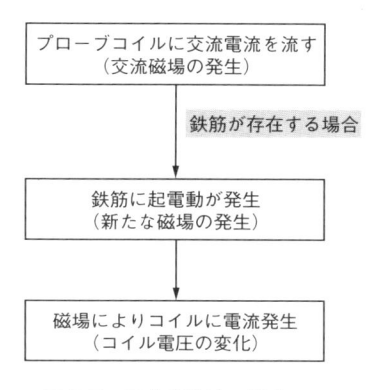　　　　図 5.5 電磁誘導法の測定フロー

「±10 mm または鉄筋中心間距離の±1.0％以内」，かぶり（厚さ）測定においては「±(5.0＋実かぶり（厚さ）×0.1 mm) 以内」，鉄筋径の測定においては「±2.5 mm」としている．ここで，実かぶり（厚さ）とは測定対象物の実際のかぶり（厚さ）を示す．

5.1.4 弾性波を利用する方法

弾性波を利用する方法とは，コンクリートを伝わる弾性波の特性を計測することにより，コンクリート内部の情報を得るものである．弾性波を利用する方法は，超音波法，衝撃弾性波法，アコースティック・エミッション（AE）法などに分類される．弾性波を利用する方法により，主として①コンクリート強度，②コンクリートのひび割れ，③コンクリートのはく離，コンクリート中の空隙などの情報を得ることが可能である．

（1） 超音波法

超音波法は非破壊検査方法として，鋼材探傷や医療の分野でなどで大きな成果を挙げている．コンクリートの分野では，超音波が持つ物理的性質を利用してコンクリート中に存在するひび割れ，空隙，ジャンカ，豆板，およびコンクリート表面の浮き・はく離などの欠陥を検出し，その状態や品質を調べる検査方法である．コンクリート中の超音波は，弾性体を伝播する波動であるため弾性波の一種で，この方法では透過波あるいは反射波から弾性体内部の状態を調べることを特徴とする．

超音波法の活用方法は数多くあるが，ここでは，直角回折波法を用いてひび割れ深さを測定する方法，コンクリート表面の浮きやはく離を測定する方法，コンクリートの品質を測定する方法について解説する．

（a） 直角回折波法によるひび割れ深さ測定法[2]

直角回折波法は，コンクリートの表面ひび割れ深さを，ひび割れの影へ二次的な回折波が進む原理を利用して求める方法である．

図 5.6 に測定原理の概念を示すが，発振探触子から発信される超音波の直接波は，ひび割れ先端で下向きの戻り波と直接波と直角に進む上向きの小さな回折波の2つの波になる．測定は，ひび割れをはさんで等間隔で配置した超音波探触子を移動し，測定される受振波が上向き（戻り波）から下向き（直角回折波）にな

第5章 非破壊検査技術概論

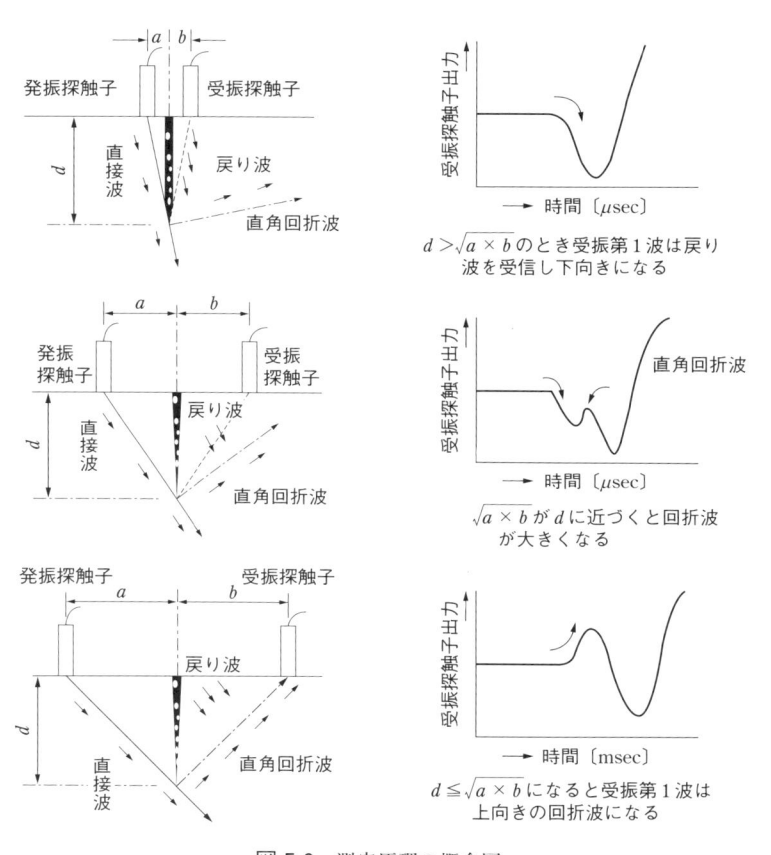

図中のラベル（上から下へ）：

上段図：発振探触子、受振探触子、a、b、直接波、戻り波、直角回折波、d
　グラフ：受振探触子出力／時間〔μsec〕
　$d > \sqrt{a \times b}$ のとき受振第1波は戻り波を受信し下向きになる

中段図：発振探触子、受振探触子、a、b、直接波、戻り波、直角回折波、d
　グラフ：受振探触子出力／時間〔μsec〕／直角回折波
　$\sqrt{a \times b}$ が d に近づくと回折波が大きくなる

下段図：発振探触子、受振探触子、a、b、戻り波、直接波、直角回折波、d
　グラフ：受振探触子出力／時間〔msec〕
　$d \leq \sqrt{a \times b}$ になると受振第1波は上向きの回折波になる

図 5.6　測定原理の概念図

った時点での探触子間の距離を記録する．実際のひび割れ深さ（d）は，記録したひび割れから受振および発振探触子までの距離（a および b）を用いて式(5.3)により求めることができる．

$$d = \sqrt{a \times b} \tag{5.3}$$

なお測定可能なひび割れ深さは 5〜1 500 mm 程度で，ひび割れ先端のひび割れ幅が 0.03 mm 以上である．またひび割れ深さの測定精度は，±5％以内である．

（b）　超音波共振法によるはく離・ジャンカ検出法[2)]

超音波共振法は，物体に与えた振動エネルギーが厚さ分の共振を起こすことに着目し，その共振波の最大振幅値を健全部と相対比較することでコンクリート内

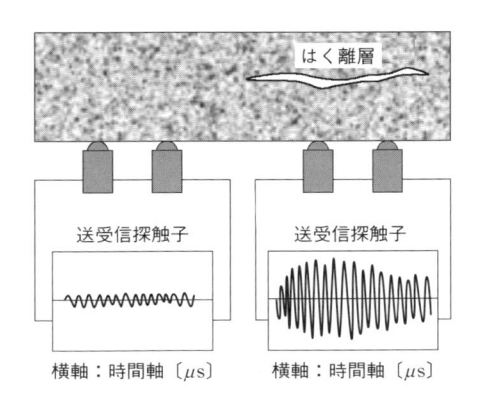

5.1 非破壊検査方法の種類と原理

図 5.7 超音波共振法によるはく離・ジャンカ検出法の概念図

部のはく離やジャンカの発生部位を検出する方法である．

　一定の厚さを保ち，かつ内部欠陥のない部材では，低周波の超音波で衝撃を与えても微振動しか生じない．しかし，部材内部にはく離などが生じているとはく離層までの厚さ分の共振が生じる．これらの振動は共振波形として受振され，その波形の最大振幅値に差異が生じる．内部欠陥の有無はこれら最大振幅値の比から判定する．本測定方法は，煩雑なデータ処理を不用とし，現場で直ちに判定することを目的としているため，健全部と内部欠陥部との最大振幅値の差はモニター上で現れた波形を視覚で判定する必要がある．最大振幅値の比（欠陥部/健全部）が3倍以上であれば視覚による識別が可能であり，瞬時に判定できる（**図 5.7**）．

（c）　超音波伝播速度によるコンクリートの品質測定法

　一般に固体中の音波の伝播速度は，物理学上，素材の弾性係数および密度に密接に関係しているが，強度とは直接的な関係はない．しかし，現在までの数多くの研究報告では，コンクリート中の超音波伝播速度と圧縮強度とはかなりの密接な関係が示されている．その理由は，コンクリートの強度と弾性係数とは，その材料や配合および養生条件など共通する影響因子が多いためと考えられるが，その両者が比例的な関係にあることが実験的に確かめられ，その結果として強度とコンクリート内部を伝播する超音波の伝播速度とが比例的な関係にあることが経験的に知られるようになり，コンクリートの品質測定法として利用されるように

なりつつある.ただし,コンクリート材料は複合材料であることから,超音波伝播速度が内部の粗骨材や水分の影響を受けやすいため,これら要因の影響を考慮した評価方法が望まれている.

(2) 衝撃弾性波法[2]

衝撃弾性波法は,コンクリート表面に鋼球やハンマー等で打撃を加え,コンクリート内部の空洞や亀裂などの損傷,および部材端(端面境界)などで発生する反射波を,打撃地点近傍に設置したセンサにて測定し,その反射波の到達時間とコンクリート弾性波伝播速度から,損傷地点までの深さおよび部材厚さを求める方法である(図 5.8).

図 5.9(a)に内部損傷深さ測定の波形例を示すが,センサにて記録された時刻歴速度波形から入力波と反射波を特定し,その波動の一往復の時間を求める.なお,損傷地点までの深さおよび部材厚さ(L〔m〕)は,波動がコンクリート内を一往復する時間(T〔sec〕)とコンクリート弾性波伝播速度(C_p〔m/sec〕)を用いて式(5.4)により求めることができる.

$$L = C_p \times T/2 \tag{5.4}$$

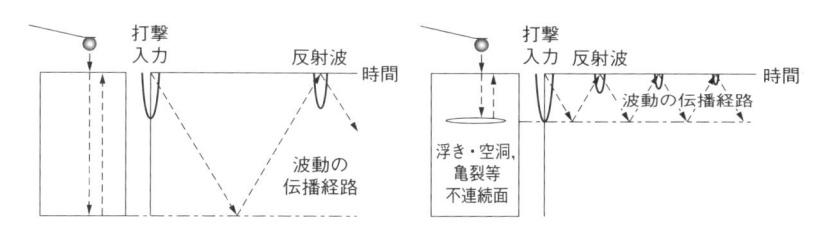

図 5.8 衝撃弾性波法の測定原理

(a) 内部損傷深さ測定の波形例   (b) 弾性波伝播速度測定の例

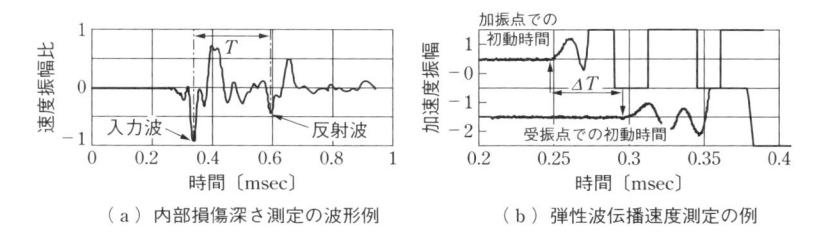

図 5.9 衝撃弾性波法による波形例

表 5.1 杭の弾性波伝播速度の目安

杭種	伝播速度〔m/sec〕
場所打ちコンクリート杭	3 800 ~ 4 000
既成コンクリート杭	3 500 ~ 4 000
鋼管杭, H 杭	5 120

表 5.2 対象物によるハンマーの目安

対象物	衝撃弾性波入力方法の種類
長さ 5 m 程度以下の部材	10 ~ 60 g 程度の鋼球
長さ 5 m 程度以上の杭など	450 g 以上のプラスチックハンマー

また図 5.9 (b) に弾性波伝播速度測定の波形例を示す．加振点と受信点で測定した加速度波形から初動時間を読み取り，その時間差 ΔT を求める．3 測点それぞれの時間差 ΔT を読み取り，単純平均を行い，測点間の弾性波の伝播時間を求める．その伝播時間と測点間距離（L〔m〕）から式 (5.5) によりコンクリート弾性波伝播速度 C_p〔m/sec〕を求める．

$$C_p = L/\Delta T \tag{5.5}$$

なお，コンクリート弾性波伝播速度は，直接計測して求めることを原則とするが，杭など地中埋設構造物のように直接計測できない場合には，表 5.1 に示す一般値を用いることも可能である．

衝撃弾性波法は，入力する衝撃弾性波の周波数が数 kHz 以下と超音波より波長が長いため，コンクリート内部の鉄筋や骨材の影響を受けにくく，また波の減衰が小さく，最大 60 m もの長尺構造物の測定が可能である．測定対象の深さや長さにより，鋼球やハンマーの種類（重さや材質）を変え，入力周波数を調整する必要がある．その一例を表 5.2 に示す．

(3) アコースティック・エミッション (AE) 法[2]

AE は，「材料が変形したり亀裂が発生したりする際に，材料が内部に蓄えていたひずみエネルギーを弾性波として放出する現象」と定義されている．コンクリート構造物の診断に利用される AE 法は，ひび割れが発生するときに生じる弾性波をコンクリートの表面に設置した変換子すなわち AE センサで検出し，信号処理を行うことでその破壊過程を評価する方法である．

測定結果の整理方法は，AEセンサで記録されたデータを再生し，ヒット，カウント，エネルギー，振幅値，信号立ち上がり時間，信号継続時間など，通常用いられるAE計測パラメータをデータセットとして，履歴，分布，相関など任意に選んで解析する．さらに電気ノイズなどが確認された場合，ポスト処理でこれらのノイズを削除する作業を行う．

コンクリート構造物の健全度評価は，次のことを分析することにより行う．

① カイザー効果の消失によるせん断ひび割れの発生・進展の判断

カイザー効果とは，「材料が過去に受けた最大の先行荷重まで，後の再載荷において，その最大先行荷重に至るまでAEの発生が観察されない」というAEの非可逆的現象のことである．したがって，何らかの原因により材料内部が乱されるとその組織構造に弛みが生じ（カイザー効果が消失），AEが頻発することから，ひび割れの発生や進展などを判断できると考えられている．

② CBI（Concrete Beam Integrity）比による劣化度の判断

CBI比は，（AE発生荷重/以前に経験した最大荷重）として表される．劣化したコンクリートは，内部に潜在的な微小ひび割れを多数有すると考えられており，低レベル荷重下においてもAEが多発する（カイザー効果の不成立）．この指標は，カイザー効果の成立しなくなる程度を数値化したもので，コンクリートはりの劣化度を表す指標として利用されている．損傷が進行するにつれてCBI比が小さな値を示すようになる．

③ AE発生源の位置評定結果により，ひび割れのおおよその発生位置を表示

AEの発生が予測される領域を複数のAEセンサで囲み，AE波の各センサへの到達時間差から発生位置を求める．

（4） 打音法[2)]

打音法は，物体を打撃して得られる打撃音（弾性波）から，その物体の物性値や形状，欠陥の有無などを検知しようとするものである．通常，人が耳で感じられる音とは，20 Hz～20 kHzの周波数を持つ空気振動である．これが耳の鼓膜を振動させ音として感知されるが，ここで述べる打音法は，測定対象であるコンクリート構造物の表面を打撃したときに生じる空気振動を音響機器によって測定しようとするものである（図5.10）．構造物を打撃したときの打撃音は，その構造物の表面振動と非常に強い相関があり，これによって対象構造物の物性値や形

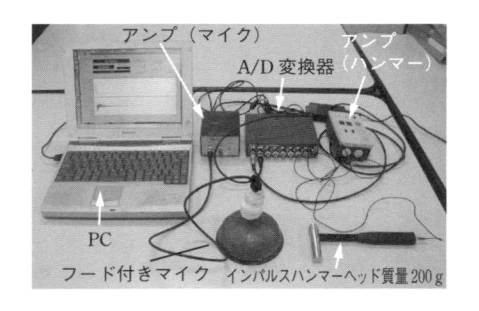

図 5.10　打音装置

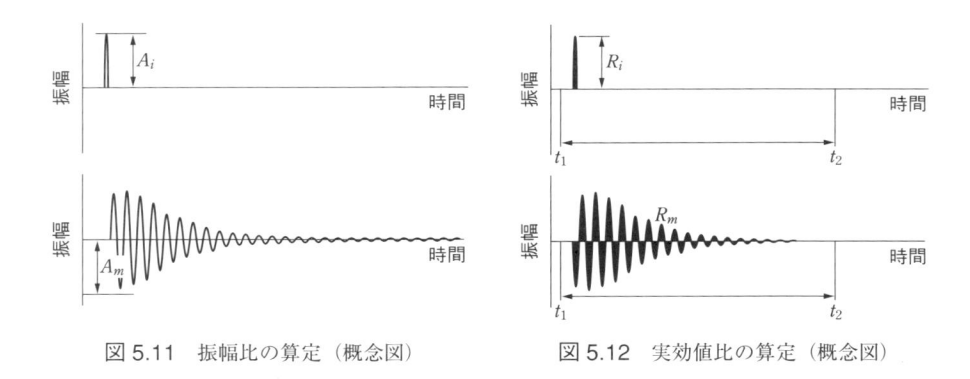

図 5.11　振幅比の算定（概念図）　　図 5.12　実効値比の算定（概念図）

状，欠陥の有無など種々の特徴が把握される．打撃によって生じた弾性波がどう伝播するかについては，振動および弾性波の理論に基づいている．

ここでは，測定された打撃音の特性のうち，振幅，減衰，周波数に着目して得られる以下のパラメータを統計的に処理することにより，異常箇所を抽出する方法を解説する．

① 振幅比（A_m/A_i）

打撃音最大振幅値（A_m）をインパルスハンマーの加力振幅最大値（A_i）で除した値で，単位入力振幅に対する最大応答振幅を表すパラメータであり，振動の大きさを表す（**図 5.11**）．

② 実効値比（R_m/R_i）

実効値比は，一定時間における打撃音実効値（R_m）をインパルスハンマーの加力実効値（R_i）で除した値である（**図 5.12**）．両者の実効値は，式（5.6）によ

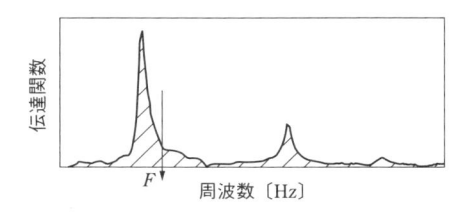

図5.13 周波数重心の算定（概念図）

って計算することができる．

$$R = \sqrt{\frac{\int_{t_2}^{t_2} a^2 dt}{t_1 - t_2}} \tag{5.6}$$

ここで，R：実効値，a：振幅，t_1, t_2：実効値を算定する開始および終了時刻．

③　周波数重心（F）

測定範囲の周波数スペクトルの重心を計算したもので，音色の高低を示すパラメータである（**図5.13**）．周波数重心の算定式は式（5.7）による．

$$F = \frac{\int A \cdot f \, df}{\int A \, df} \tag{5.7}$$

ここで，F：周波数重心，A：周波数振幅，f：周波数．

なお，この周波数重心は，応答（マイク）の周波数振幅を入力（インパルスハンマー）の周波数振幅で除して，伝達関数として算出する．

5.1.5　電磁波を利用する方法

電磁波を利用する方法とは，コンクリートを透過あるいは反射する電磁波を利用する計測方法であり，X線，レーダ法，赤外線法などに分類される．電磁波を利用する方法を用いることにより，主として，①コンクリート中の鉄筋位置，径，かぶり，②コンクリート中の空隙やはく離，③コンクリートのひび割れなどの情報を得ることができる．なお，X線の波長は約 0.03〜100 nm，レーダ法で利用するマイクロ波の波長は 0.1〜100 cm，赤外線の波長は 1〜1 000 μm である．

（1）　X線法[2]

X線法は，コンクリートの中を透過したX線の強度の分布状態から，内部の

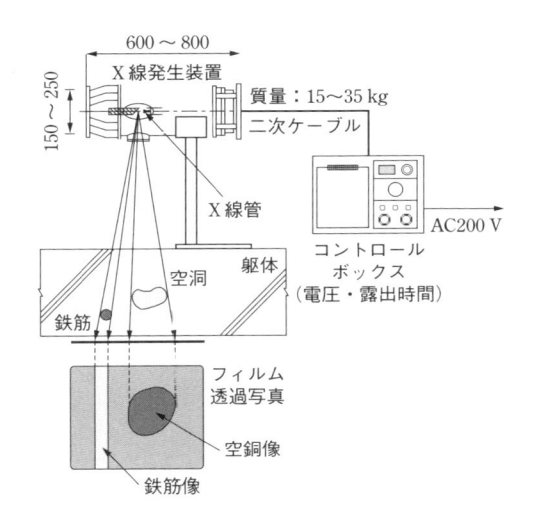

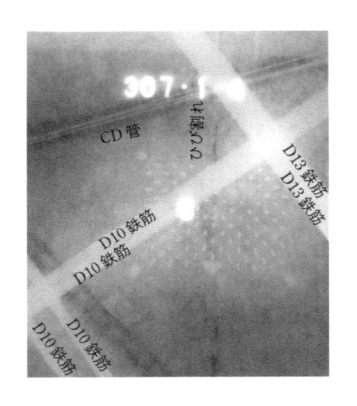

5.1 非破壊検査方法の種類と原理

図 5.14　X線透過撮影法の模式図

図 5.15　スラブの透過写真

鉄筋，空隙，ひび割れの検出を行うものである．コンクリート構造物の内部を撮影する場合の模式図を**図 5.14** に示す．X線は物体を透過する過程で指数関数的にその強さを失っていくため，透過写真を撮影する際にはコンクリートの厚さに応じてX線のエネルギー，線量および露出（照射）時間を制御する必要がある．

X線フィルムは，透過してきたX線の線量に応じて黒化し，またX線の強さの減少量は物質の密度に比例する．このためコンクリートの透過写真（ネガ）は，一般に，粗骨材の重なりで背景が斑状になり，コンクリートより密度の高い鉄筋の像は白く，逆に空洞の像は黒く写し出される（図 5.14 の模式図および**図 5.15** の透過写真を参照）．

鉄筋などの埋設物位置の測定精度は，コンクリートの表面状態，使用機材の設定状態，透過写真上の位置データ読み取りに用いられる機材の精度などによって影響されるが，透過写真の解明度に関わる読み取り精度にも依存する．透過写真の解明度は主に撮影するコンクリートの厚さに依存するため，**図 5.16** に示すように，全体の測定誤差はコンクリート厚の増加に従って大きくなる．

（2）　レーダ法[2)3)]

　レーダ法は，コンクリート中に送信された電磁波が，電気的特性の異なる物質

第5章 非破壊検査技術概論

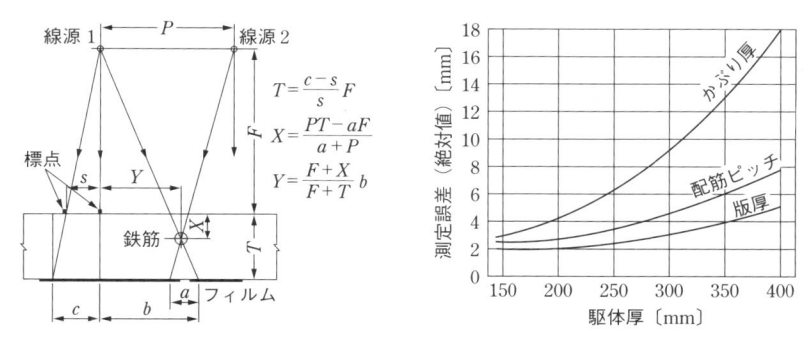

$$T = \frac{c-s}{s}F$$

$$X = \frac{PT - aF}{a + P}$$

$$Y = \frac{F + X}{F + T}b$$

図 5.16 コンクリート内部鉄筋の透過画像の測定誤差例

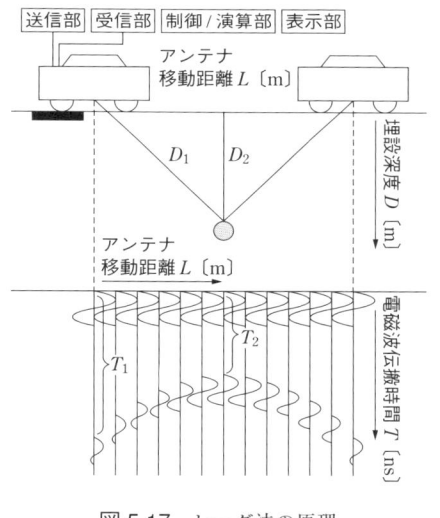

図 5.17 レーダ法の原理

の境界で反射波を生じる性質を利用して，往復の伝播時間から反射体までの距離を求めることにより，コンクリート中の埋設物を探査する方法である．レーダ法の原理を**図 5.17**に示す．測定方法は，電磁波レーダをコンクリート表面に沿って走査させながらインパルス状の電磁波を送信アンテナからコンクリート内へ放射し，電気的特性の異なる鉄筋との境界面で反射して戻ってくる反射波を受信アンテナで連続して受信する．鉄筋までの距離は，送・受信アンテナの間隔を無視

すると以下の式で求めることができる．

$$V = \frac{C}{\sqrt{\varepsilon_r}} \quad [\text{m/sec}] \tag{5.8}$$

ここで，V：コンクリート中の電磁波速度
　　　　C：真空中での電磁波速度 $= 3 \times 10^8$ [m/sec]
　　　　ε_r：コンクリートの比誘電率

$$D = \frac{V \times T}{2} \times 10^{-3} \quad [\text{mm}] \tag{5.9}$$

ここで，D：鉄筋までの距離
　　　　T：測定される往復伝播時間 [sec]

式（5.8）に示す比誘電率は，物質中を伝播する電磁波の速度に影響を及ぼす因子である．比誘電率は，温度と周波数などによって変化するが，コンクリートの場合，乾燥状態で6～10の範囲とされ，また水の比誘電率は約80であるため，コンクリート中の水分量の程度によって大きく変化し，かぶり（厚さ）などの深さ方向の測定精度に大きく影響する．なお，電磁波レーダ法の探査深度の限界は機種にもよるが，一般的には15 cm 程度である．

（3） 赤外線法[2]

赤外線法は，測定対象物から放出される赤外線エネルギーを図 **5.18** に示す赤外線放射温度計（赤外線カメラ）で捕らえて画像化し，表面温度の分布状況から内部欠陥を検出する方法である．非接触で一度に広範囲の熱画像を撮影できることから作業効率に優れている．

一般にコンクリートは，外気温変動により外部との間で熱の授受が行われている．コンクリート内部に空洞や表層部に浮きが生じていると，内部に密閉された

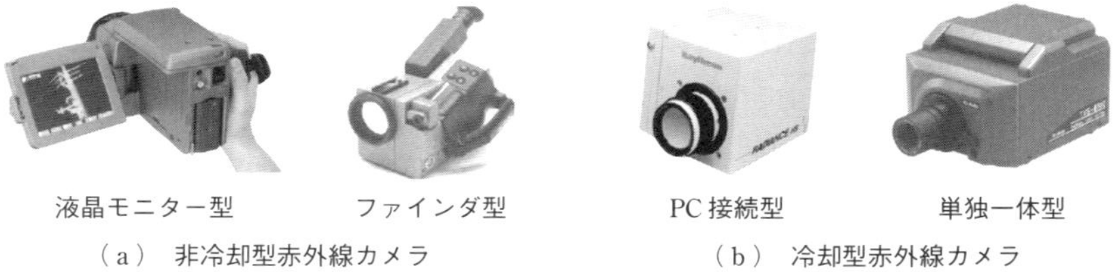

　　　液晶モニター型　　　　ファインダ型　　　　　PC接続型　　　　　単独一体型
　　　　　（a）非冷却型赤外線カメラ　　　　　　　（b）冷却型赤外線カメラ

図 5.18　赤外線カメラ

第5章　非破壊検査技術概論

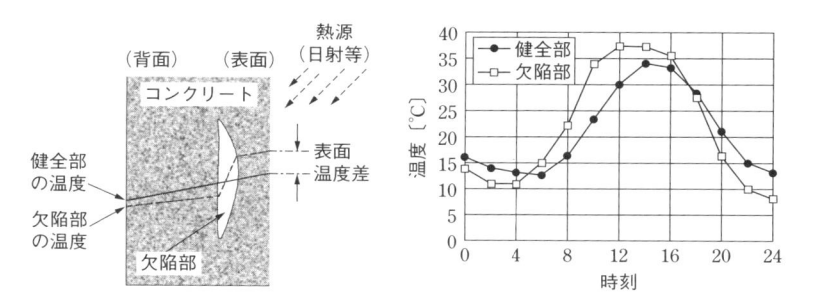

図 5.19　欠陥部に温度差が生じる原理

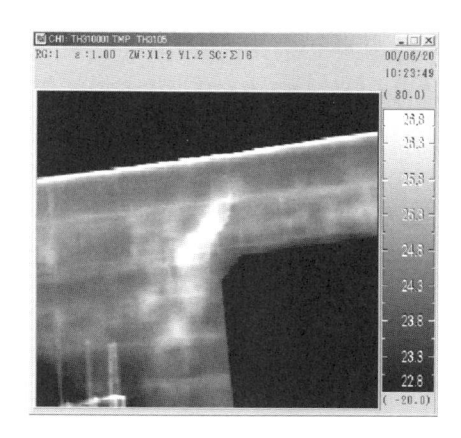

図 5.20　ひび割れに沿った浮き検出例

空気層はコンクリートに比べ熱抵抗が大きいため，これら欠陥部ではコンクリート内部への熱伝導が少なくなり，欠陥部表面の変動が大きくなる．その結果，日射が当たっている面や外気温上昇時においては，欠陥部が周辺の健全部より高温になり，逆に夜間では昼間に蓄積された熱が外部へ放出されやすくなるため欠陥部のほうが低温になる（**図 5.19**，**5.20**）．赤外線法は，このようなコンクリートの内部状況の違いによって生じるコンクリート表面の温度差を可視化し，その表面温度分布から異常部を判断する手法である．

5.1.6　電気化学的方法

電気化学的方法とは，鋼材の腐食現象が電気化学的現象であることを利用した

ものであり，自然電位，分極抵抗などの計測項目がある．電気化学的方法により，主として，①コンクリート中の鉄筋の腐食傾向，②コンクリート中の鉄筋の腐食速度に関する情報，を得ることができる．

コンクリート中の鋼材の腐食反応は，一般に腐食電池作用によって進行する．腐食電池作用とは，図 5.21 に示すように腐食部（アノード部）と非腐食部（カソード部）の間に電位勾配が生じて，腐食電流が流れることである（電気化学的現象）．

（1） 自然電位法[2]

自然電位法とは，コンクリート表面から電位勾配（以下，自然電位）を測定して，測定時にコンクリート中の鋼材が腐食を生ずる活性状態にあるかどうかを診断する方法である．

自然電位測定装置は，図 5.22 に示すように，基本的に照合電極と電位差計，および電位差計とコンクリート中の鋼材を接続するリード線によって構成される．なお，コンクリート中の鋼材の自然電位は，コンクリート表面から測定した表面電位から推測する．したがって，測定される自然電位は，かぶりコンクリートの品質あるいは湿潤状態の違いにより誤差が生じるため，ひび割れや浮きがない箇所を測定面に選ぶこと，表面を清掃し油汚れなどをなくしておくこと，コンクリート表面を水道水などの清浄な水を用いて湿潤状態にしておくことなど測定前の調整が必要になる．

測定結果の評価は，一般に，自然電位が卑（低い）の場合は腐食が進行してい

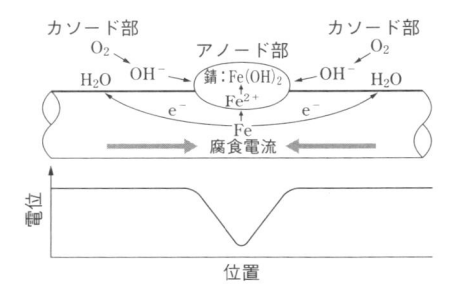

図 5.21 コンクリート中の鉄筋腐食機構と電位分布

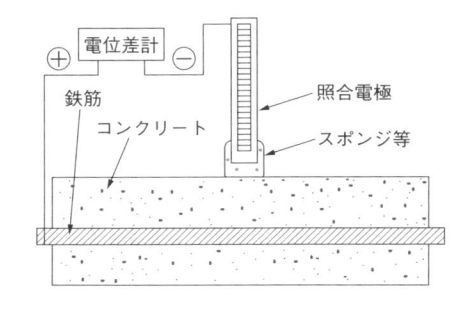

図 5.22 自然電位測定装置概念図

表 5.3 自然電位と鉄筋腐食性の関係（ASTMC876）

自然電位 E（vs CSE）	鉄筋腐食の可能性
-200 mV $< E$	90%以上の確率で腐食なし
-350 mV $< E \leq -200$ mV	不確定
$E \leq -350$ mV	90%以上の確率で腐食あり

る，あるいは進行する可能性が高く，貴（高い）の場合は腐食が進行していない，あるいは進行しない可能性が高いと判断される．実用的には，部材の全面にわたって電位の計測を行って電位分布図を作成することにより，部在中のどの部分に腐食が生じている可能性が高いかを判断する．自然電位によるコンクリート中の腐食状態を判断する基準は，米国材料試験協会が定める ASTMC876 規格，英国規格協会が定める BS7361 規格，建設省総合技術開発プロジェクト「コンクリートの耐久性向上技術の開発」による基準などがある．このうち，**表 5.3** に示す ASTMC876 規格が最も広く用いられており，日本コンクリート工学協会や日本建築学会で鉄筋腐食評価方法の一つとされている．

（2） 分極抵抗法[4]

分極抵抗法は，鋼材の腐食速度を推定する手法であり，基本原理は，式 (5.10) に示すように，鋼材の腐食速度と分極抵抗の逆数が比例関係にあることを利用し，分極抵抗から鋼材の腐食速度を推定するというものである．分極抵抗は，鋼材に流入出する電流とこれに伴う鋼材の電位変化の比のことで，電圧/電流で表されることから抵抗と呼ばれている．

$$icorr = K/R_p \tag{5.10}$$

ここで，$icorr$：腐食電流密度（腐食速度）〔A/cm^2〕
　　　　K：換算係数〔V〕
　　　　R_p：分極抵抗〔Ω・cm^2〕

$$R_p = \Delta E / \Delta i \tag{5.11}$$

ここで，ΔE：分極量（変動させる電位）
　　　　Δi：発生する電流

なお，換算係数 は実験定数であり，コンクリート中の鋼材の場合，0.026～0.038 V の範囲とされている．なお，腐食速度 $icorr$ は電気量なので，物理量で

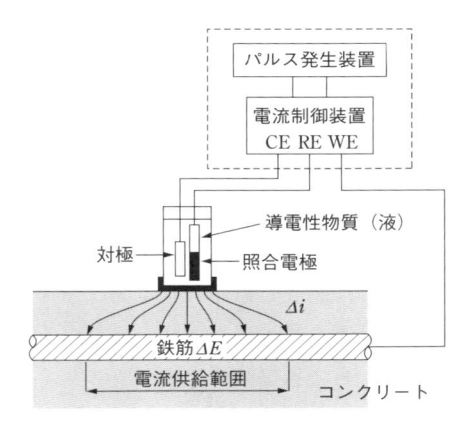

図 5.23 分極抵抗測定装置概念図

ある鋼材の腐食量への換算は別途必要である．

コンクリート構造物の鋼材腐食を対象として分極抵抗法を適用する場合，一般に，図 5.23 に示すような装置が用いられる．装置は，電流制御装置等の電気化学的測定器，対極，照合電極等の電極類で構成される．電極類はコンクリート表面に設置するが，この際，鋼材にも導線を接続するため，鋼材の一部を露出させることが必要である．

測定は，電極と鉄筋との間に微小な電流を流すことにより行う．電流と電位変化を制御/測定し，得られたデータから分極抵抗を計算で求める．

主な課題として，コンクリートの影響の除去，測定時間の短縮，測定範囲の限定などがあり，これらに対応するため，各種の電流波形を用いた方法（直流法，矩形波電流分極法，交流インピーダンス法など）や，様々な形状の電極が提案されている．

5.1.7　デジタルカメラ法[2]

デジタルカメラ法とは，コンクリート構造物の表面変状を高精細デジタル画像として記録し，これを所定倍率の正射投影画像に変換した後，パノラマ合成を行って構造物の全景画像を作成し，ひび割れ状況や幅および遊離石灰・錆汁等，表面変状の発生状況を正確に記録し測定する調査方法である．また，この高精細デジタル画像を基準画像として，これに履歴画像や赤外線画像あるいは非破壊試験

画像をレイヤー構成で結合し，各々の画像情報を相互に関連づけて調査・診断することも可能である．以下に撮影された画像の処理手順を示す．

① 高精細デジタルカメラで構造物を適性倍率で撮影する．
② 必要に応じて，使用レンズの歪曲収差を補正する．
③ 既知座標を利用して，撮影画像を正射投影画像に変換する．
④ 不要箇所をトリミングする．
⑤ パノラマ合成を行って，調査対象面の全景画像を作成する．
⑥ フィルター処理でひび割れ等の表面変状を強調する．
⑦ モニターを観察しながら，損傷箇所をトレースし，計測する．
⑧ 正射投影全景画像と損傷トレース図をファイル保存する．
⑨ 上記手順で作成された各種のデータをレイヤー構成で統合する．

デジタルカメラによる撮影距離は，所定倍率の撮影を行うための光学的性能が確保されたレンズを準備できれば基本的に制限はない．近距離測定の場合は広角レンズの収差が大きいため 2.0 m 以上，遠距離撮影の場合は望遠レンズの性能に左右されるが空気の揺らぎ等を考慮して 100 m 程度までが実用的な撮影範囲と考える．なお，撮影角度は画質を考慮すると 45 度以内でできるだけ正対して撮影することが望ましい．

デジタルカメラ法の適用事例を図 5.24 に示す．これらの図は，高精細デジタルカメラで床版の表面変状を撮影し，一連の画像処理で作成した床版全景画像を基準に，画像処理によって検出したひび割れ図と自然電位の測定データを複合した結果である．デジタルカメラ法は他の調査方法（レーダ法，赤外線法，自然電位法など）の結果と重ね合わせて診断することが可能である．

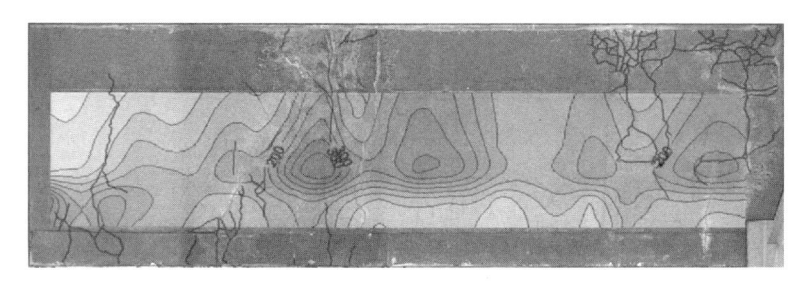

図 5.24　デジタルカメラによる画像ひび割れと自然電位の調査結果

5.1.8 光ファイバセンシング法[2]

　光ファイバを用いたセンサは，理論的にはあらゆる種類の物理量および化学量の計測が可能とされ，これらの計測対象には温度，ひずみ，変位，流速，回転速度，振動，圧力，電界，磁界，電流，ガス濃度などが挙げられる．コンクリート構造物の場合，その健全性を評価するためには，コンクリートの劣化（ひび割れ，鋼材腐食等）に起因する構造物全体の変形量の増大や振動特性の変化，また乾燥収縮等によって発生する耐久性上問題となる過大なひび割れの発生位置とその大きさ等をモニタリングする必要性がある．したがって，コンクリート構造物の健全性モニタリングには，その構造物に発生する変位やひずみ量を動的または静的に常時計測できることが不可欠となる．一般に光ファイバセンサによって構造物に発生する変位量やひずみ量を測定する原理には，センサに付加が作用しひずみが発生することよって変化する光の特性（光の干渉稿，後方散乱現象，光の強度変化）が利用され，どのような光の特性を利用し変位量やひずみ量を評価するかによって測定機器，測定範囲，精度等が異なる．

　光ファイバひずみセンサには，① SOFO（Surveillanced' Ouvrages par Fibers Optiques）センサ，② OSMOS（Optical Strand Monitoring System）センサ，③ FBG（Fiber Bragg Grating）センサ，④ BOTDR（Brillouin Optical Time Domain Reflectmetry）センサなどがある．**表 5.4** に各種光ファイバセンサの特徴を示すが，各種センサとも光ファイバに発生するひずみ量，および被測定対象

表 5.4　光ファイバひずみセンサの種類と特徴

センサ種類	光の特性	測定精度	取付方法	得られる情報
SOFO	干渉稿	±0.002%	区間固定	固定区間の平均ひずみ 固定区間の変位
OSMOS	光の強度	±0.001%	区間固定	固定区間の平均ひずみ 固定区間の変位
FBG	ブラック波長	±0.001%	直接接着	接着部の局所ひずみ
			区間固定	固定区間の変位
BOTDR	ブリルアン散乱光	±0.01%	直接接着	接着区間の分布ひずみ
			区間固定	固定区間の変位

第5章 非破壊検査技術概論

物に部分固定した区間の相対変位を静的または動的に検出することができる．なお，取付け方法については，図 **5.25** に示すようにセンサ部分を直接測定対象物に接着剤など用いて貼りつけてひずみ量を測定する方法と，固定金具を利用してある区間の平均ひずみ量およびそのひずみ量から変位量を間接的に計測する方法との2つに大別される．したがって，光ファイバセンサの種類と取付け方法の組

（a）直接貼付け

（b）区間固定

図 5.25　光ファイバセンサの取付け方法

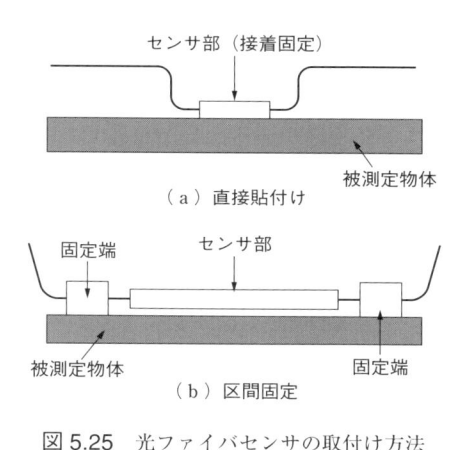

表 5.5　モニタリング項目と光ファイバセンサの種類

モニタリング項目	取付方法	センサ種類	備考
固定区間の変形量 固定区間のひずみ量 ひび割れ幅の進展量	区間固定	SOFO FBG OSMOS	動的，静的に計測可能
		BOTDR	静的に計測可能
接着部の局所ひずみ量	直接接着	FBG	動的，静的に計測可能
部材全体の分布ひずみ	直接接着	BOTDR	ひずみの距離分解能は最小で 1.0 m
		FBG	1本の光ファイバに配置可能な FBG 数は，最大で 10点である
ひび割れ発生位置とその幅 部材全体の変形量	区間固定	SOFO FBG OSMOS BOTDR	センサ部をコンクリート表面に連続して区間固定する

合せにより，モニタリングできる項目や範囲が異なる．現在，コンクリート構造物の健全性モニタリングに光ファイバを利用する試みは研究・開発段階にあるが，現状の技術においてモニタリング可能と考えられる項目について**表5.5**にまとめる．

（1） SOFOによる変位計測法

SOFOには，プレテンションをかけて配置した計測用光ファイバとたるませて配置した参照用光ファイバが内蔵されており，光源から両者の光ファイバに入射した光がファイバの固定端部に置かれた反射器で反射して戻ってくる光波の位相差から変位を計測する（**図5.26**）．なおSOFOは，この2本の光ファイバの位相差を比較することにより，温度による光ファイバ自体の伸縮を補正することができる．測定精度の公称は，センサ長が 0.25～10 m で±0.002 mm である．

（2） OSMOSによる変位計測法

OSMOSは，光ファイバの屈曲部で生じる赤外線の漏洩現象（マイクロベンディング現象）を利用し（**図5.27**），赤外線の減衰率から変位を計測する．このため光ファイバは，三つ編み状で伸縮し屈曲状態が変化する構造となっている．機器構成を**図5.28**に示す．測定精度の公称は，スモールレンジ（数百μの変動時）で±0.02 mm，フルレンジ（センサ長の0.5%伸縮時）で±0.1 mm である．

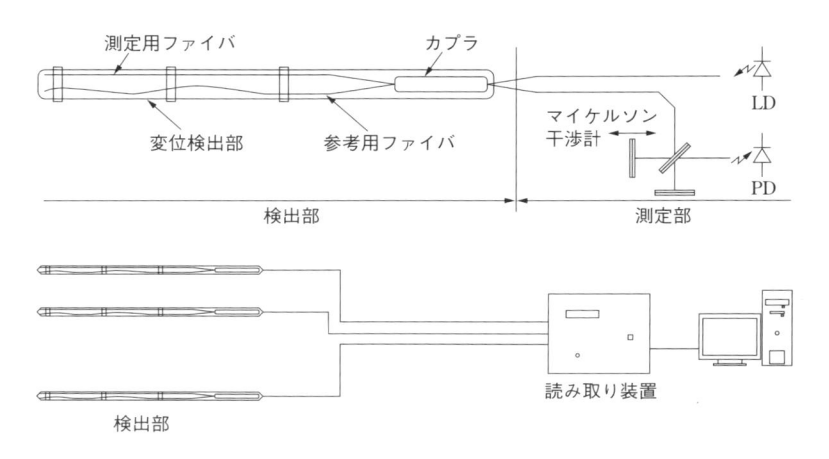

図5.26 SOFOの測定システム例

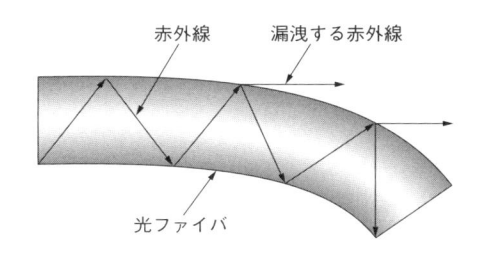

図 5.27　マイクロベンディングの原理

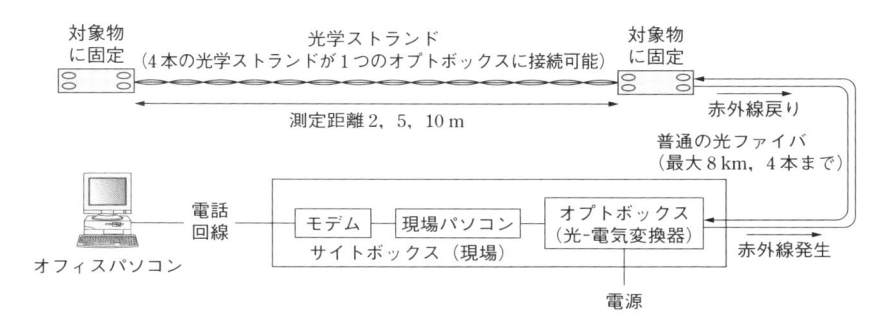

図 5.28　OSMOS の仕様機器構成

（3）　FBG 方式による多点型ひずみ計測法

　FBG 法とは，光ファイバのコア部分に作製したセンサ部（センサ内に設けたスリット（格子）間隔が，ひずみが加わることにより伸び縮みし，その部分の屈折率が変化する）からのブラッグ反射波の波長の変化や検出時間を捉え，センサ部のひずみの大きさを検出する．なお，センサ部は 1 本の光ファイバ内に 10～15 程度作製できるため，センサ部の配置間隔を調整することにより，ひずみの発生位置を得ることができる（図 **5.29**）．FBG ひずみセンサの分解能は 1～2 μ ストレインで電気式ひずみゲージと同等の精度を有し，動的計測や多点計測に用いられ，連通管式変位計，傾斜計，伸縮計，地盤振動計など多様な計測器が開発されている．

（4）　BOTDR 方式による分布型ひずみ計測法

　BOTDR 法は，光パルスをファイバに入射し，ひずみを受けている部分から発生するブリルアン後方散乱光を検出し，その周波数と伝播時間からひずみの大き

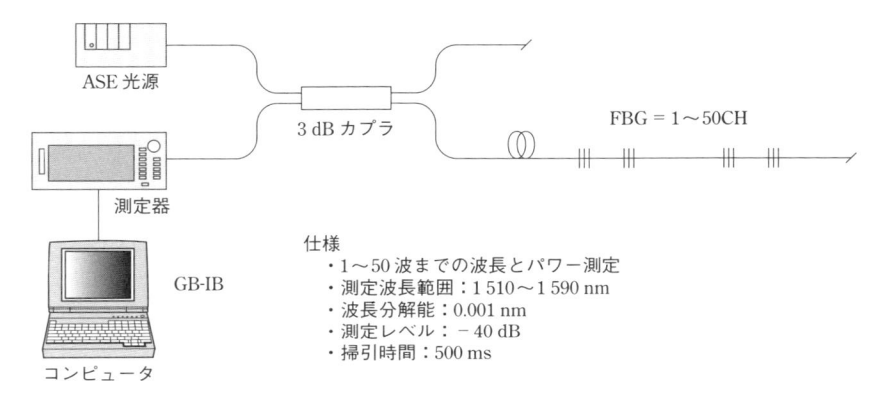

5.1 非破壊検査方法の種類と原理

図 5.29　FBG の仕様機器構成

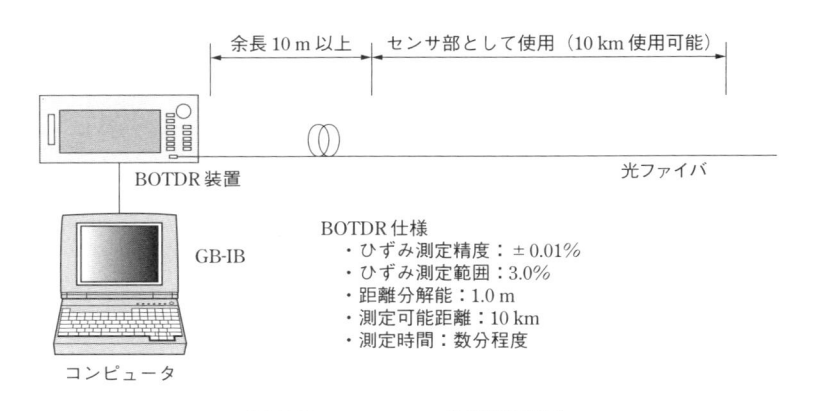

図 5.30　BOTDR の仕様機器構成

さや発生位置を検出する分布型ひずみ計測法である（**図 5.30**）．

　光ファイバひずみセンサは，電気ノイズや雷に影響を受けず構造物の内外部を問わず設置が可能で，引張りに強く腐食することがないため耐久性に優れる．しかし，前に述べた FBG 法に比べ，距離分解能が荒く，ひずみ検出感度も低いため，利用目的を考慮した使用を要する．

　適用分野として，トンネルの内空変位計測や縦断方向の変形計測,崩落法面監視，広域沈下検知，河川堤防監視，構造物亀裂検知や鋼材構造物の応力集中部の検知・監視などの例がある．

演習問題

① 塩害によって劣化したコンクリート構造物の劣化状況を把握するために必要な非破壊検査方法を3つ挙げ，その検査目的について述べよ．

② 設計図書や工事記録が残っていないコンクリート構造物の維持管理計画に必要なデータを得るための非破壊検査方法を3つ挙げ，その検査項目について述べよ．

[参考文献]

1) 2001年制定コンクリート標準示方書［維持管理編］，土木学会，2001
2) 魚本健人，加藤佳孝：コンクリート構造物の検査・診断－非破壊検査ガイドブック－，理工図書，2003
3) 松山公年：かぶり厚の測定，セメント・コンクリート，No.693，セメント協会，pp.40-46，2004
4) 永山勝：鉄筋腐食の診断，セメント・コンクリート，No.693，セメント協会，pp.18-26，2004

CHAPTER 6
コンクリート構造物の診断と検査技術の活用

第6章 コンクリート構造物の診断と検査技術の活用

6.1 概　　論

　社会基盤を構成するコンクリート構造物は，その性格上，長期にわたって自然環境や人工的な外因に曝されながら供用される．そのため，構造物は様々な要因によって経年劣化し，供用期間中においてもその機能を果たさなくなることがある．しかし，適切な維持管理が行われることにより，コンクリート構造物はその供用期間中において，あるいは供用期間を過ぎても健全にその機能を果たすことが可能である．構造物における維持管理とは，構造物の劣化・損傷状況を把握し，補修・補強を講じながら効率的に管理を行っていくことであり，それを実施していくためには最新の知見や技術を利用して，工学的な観点から構造物を的確に診断することが必要とされる．

　コンクリート構造物の劣化は，表 6.1 に示すような要因で大まかに分類される．構造物の劣化は，一般に外的な要因と内的な要因から生じる．外的な要因としては，外力作用や周辺環境条件に起因するものが挙げられる．外力作用には，繰返し荷重，衝突，地盤沈下，洗掘，地震などがあり，周辺環境条件には，凍害，飛来塩分，温度変化，乾湿，化学的侵食などがある．また，内的な要因としては，材料劣化に起因するもの，構造的特性に起因するもの，施工に起因するものが挙げられる．材料劣化には，例えば，品質不良，アルカリシリカ反応，中性化などがある．構造的特性に起因する劣化には，亀裂が生じやすかったり，変形が生じやすかったりするなどの構造選定の誤り，設計条件の誤りなどがあり，施工に起因する劣化には，施工不良，防水・排水設備不良などが挙げられる．これらの要因は単独あるいは複合して劣化や損傷を引き起こし，これらすべての要因を考慮

表6.1　コンクリート構造物の劣化要因

外的な劣化要因	外力作用	繰返し荷重，衝突，地盤沈下，洗掘，地震など
	周辺環境条件	凍害，飛来塩分，温度変化，乾湿，化学的侵食など
内的な劣化要因	材料劣化	品質不良，アルカリシリカ反応，中性化など
	設計	亀裂が生じやすかったり，変形が生じやすかったりするなどの構造選定の誤り，設計条件の誤りなど
	施工	施工不良，防水・排水設備不良

6.1 概論

して，劣化の進行を予測することは現状では難しい面もある．

コンクリート構造物の主な構成材料であるコンクリートと鋼材は，3章で記述したように時間の経過とともに劣化するため，結果としてコンクリート構造物の性能も低下する．予定供用期間終了時の性能が，要求性能を満足しているかを検討するのが診断の基本である．コンクリート構造物の性能は，安全性，使用性，第三者影響度，美観・景観の4種類であり（4章参照），診断対象の範囲の観点から，一般的に以下の2つに区分することができる．

安全性および使用性の診断対象は，材料劣化によって引き起こされる構造物全体あるいは部材の性能変化（一般には低下）である．一方，第三者影響度および美観・景観の診断対象は，材料劣化によって生じるひび割れ，はく離，はく落，汚れなど，材料劣化自体で評価できる場合が多い．いずれにしても，材料劣化を把握し，現状および将来における材料劣化の状況を予測することが，診断には必要となる（**図 6.1**）．

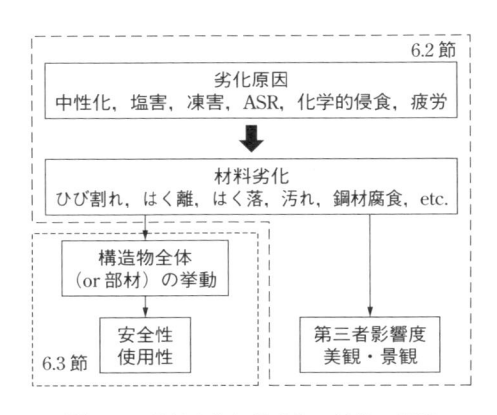

図 6.1 材料劣化と構造物の性能の関係

6.2 材料劣化診断

　構造物の劣化診断の一般的な手順は，①劣化機構の推定，②劣化予測，③評価・判定，となる．このとき，設計図書・施工記録などの資料，構造物の環境条件や使用条件（一般に外的要因と称す），点検の結果が有益な情報となる．新設構造物の場合は構造物に変状がないため，資料および外的要因から劣化機構の推定と劣化予測を実施することとなる．一方，何らかの変状を生じた既設構造物は，この変状が劣化機構を推定するうえで極めて有益な情報となる．

6.2.1　劣化機構の推定

　3章で記述したように，コンクリート構造物の劣化は，外的要因が密接に関わっている．表6.2は，外的要因と推定される劣化機構の関係をまとめたものである．また，過去の劣化事例から，海砂使用地域，塩害・凍結防止剤散布地域，アルカリシリカ反応性骨材使用地域，凍害危険度地域，などのマップが整理されており，これらの情報も劣化機構を推定するうえでは有益な情報となる．ただし，これらの情報は，あくまでも推定される劣化機構が生じる可能性が高いことを意味しているのであって，これらの情報のみから劣化機構を特定するのは，誤った結論を導くことになる．したがって，診断においては「疑わしき原因は排除しない」ことが重要である．

表6.2　外的要因から推定される劣化機構

外的要因		推定される劣化機構
環境条件	海岸地域	塩害
	寒冷地域	凍害，塩害
	温泉地域	化学的侵食
使用条件	乾湿繰返し	アルカリシリカ反応，凍害，塩害
	凍結防止剤使用	塩害，アルカリシリカ反応
	繰返し荷重	疲労
	二酸化炭素	中性化
	酸性水	化学的侵食

表 6.3 劣化機構と外観上の特徴

劣化機構	外観上の特徴
中性化	鉄筋軸方向のひび割れ，コンクリートはく離
塩害	鉄筋軸方向のひび割れ，錆汁，コンクリートや鉄筋の断面欠損
凍害	微細ひび割れ，スケーリング，ポップアウト，変形
アルカリシリカ反応	膨張ひび割れ（拘束方向，亀甲状），ゲル，変色
化学的侵食	変色，コンクリートはく離
疲労（道路橋床版）	格子状ひび割れ，角落ち，遊離石灰

表 6.4 劣化機構，劣化要因と劣化指標の関係

劣化機構	劣化要因	劣化指標
中性化	二酸化炭素	中性化深さ，鋼材腐食量
塩害	塩化物イオン	塩化物イオン濃度，鋼材腐食量
凍害	凍結融解作用	凍害深さ，鋼材腐食量
アルカリシリカ反応	反応性骨材	膨張量（ひび割れ）
化学的侵食	酸性物質，硫酸イオン	劣化因子の浸透深さ，中性化深さ，鋼材腐食量
疲労（道路橋床版）	車両通行	ひび割れ密度，たわみ

　変状を生じた既設構造物の場合は，外観上の変状の特徴も劣化機構を推定するうえで重要な情報となる．**表 6.3** は，劣化機構と外観上の特徴の関係をまとめたものである．なお，これらの変状と 2 章で記述した初期欠陥を区別して，劣化機構の推定を行うことが重要である．さらに，各劣化機構には，劣化の程度を把握することができる劣化指標が存在し，各劣化指標に該当する点検結果が活用できる場合は，劣化機構の推定結果の精度は向上する．**表 6.4** は，各劣化機構，劣化要因，劣化指標の関係をまとめたものである．

6.2.2 劣化予測

　劣化機構が明らかになったら，続いて劣化予測を行う．劣化予測は，予定供用期間終了時までの構造物の性能を予測し，要求性能との比較によって，いつ，どのような対策が必要かを評価するために必要である．

実際の構造物の劣化は単一の劣化機構によって生じるのではなく，複数の劣化機構が原因となる場合（複合劣化）も少なくない．ただし，現状の技術レベルでは複合劣化を適切に評価することは難しく，実際には劣化機構ごとに劣化予測を実施する．本来の劣化予測は，劣化機構の物理化学的な現象を定式化し，定量的に予測することが望ましいが，中性化と塩害に関する劣化モデルを除いては，研究レベルの提案はあっても，実用に供する劣化予測モデルの開発はなされていないのが現状である．また，中性化と塩害に関する劣化予測モデルにおいても，劣化機構を単純化して導出した劣化予測モデルであるために，劣化機構の全てのプロセスに適用できるモデルではないことに留意する必要がある．その使用には限界があるものの，時々刻々と進行する劣化を予測することが実務では要求されるので，技術者は予測モデルを用いながら，経験と工学的観点から総合的に劣化を推定することが必要とされる．社会基盤を維持管理する各団体は，各々の実情に応じて管理目標を定め，目視点検結果から構造物の健全度（あるいは劣化度）を判定し，健全度のレベルに応じた対策を講じている．本項では，一例として土木学会の示方書［維持管理編］に掲載されている手法の概略を説明し，続いて点検結果を活用した予測方法の一例を紹介する．

（1） 外観観察結果を用いた判定方法

コンクリート構造物の劣化は時間の経過とともに進行していくため，各劣化機構を考慮して，①潜伏期，②進展期，③加速期，④劣化期の4つに劣化過程を

表6.5 外観観察結果を用いた判定方法（中性化）

劣化過程 グレード	劣化過程の定義	外観上の劣化の状態 （グレードに対応）	要求性能の 標準的な限界
I-1 潜伏期状態	鋼材の腐食開始まで	変状なし，中性化残りが発錆限界以上	
I-2 進展期状態	腐食ひび割れ発生まで	変状なし，中性化残りが発錆限界未満，腐食開始	
II-1 加速期前期状態	腐食ひび割れにより腐食速度が増大	腐食ひび割れが発生	美観・景観
II-2 加速期後期状態		腐食ひび割れ進展，はく離・はく落，鋼材の断面欠損はない	使用性 第三者影響度
III 劣化期状態	鋼材腐食による耐荷力の低下が顕著	腐食ひび割れ，はく離・はく落，鋼材の断面欠損	安全性

定義する．さらに，劣化過程と劣化によって生じる構造物の外観上のグレードを関連づけ，そのグレードと構造物の性能の限界値との標準的な関係を定義している．これにより，目視検査を用いて外観上のグレードを把握し，点検時点の構造物が要求性能を満足しているか否かを判定する．表6.5～6.10に，各劣化機構の劣化過程および外観上のグレード，劣化過程の定義，外観上の劣化の状態および標準的な場合の要求性能の限界値をまとめた結果を示す．例えば，対象とする構造物の要求性能が美観・景観であり，劣化機構が中性化と推測された場合を考えてみる．表6.5より，要求性能の限界状態は加速期前期（状態II-1）までであ

表6.6 外観観察結果を用いた判定方法（塩害）

劣化過程 グレード	劣化過程の定義	外観上の劣化の状態 （グレードに対応）	要求性能の 標準的な限界
I-1 潜伏期状態	鋼材の腐食開始まで	変状なし，発錆限界塩化物イオン濃度未満	
I-2 進展期状態	腐食ひび割れ発生まで	変状なし，発錆限界塩化物イオン以上，腐食開始	
II-1 加速期前期状態	腐食ひび割れにより腐食速度が増大	腐食ひび割れが発生	美観・景観
II-2 加速期後期状態		多数の腐食ひび割れ，錆汁，部分的なはく離・はく落	安全性 使用性 第三者影響度
III 劣化期状態	鋼材腐食による耐荷力の低下が顕著	多数の腐食ひび割れ，ひび割れ幅増大，錆汁，はく離・はく落，変位・たわみが大きい	

表6.7 外観観察結果を用いた判定方法（凍害）

劣化過程 グレード	劣化過程の定義	外観上の劣化の状態 （グレードに対応）	要求性能の 標準的な限界
I 潜伏期状態	劣化が顕在化しない	変状なし	
II 進展期状態	コンクリート表面の劣化が進行し，骨材が露出，もしくははく離	凍害深さは小さい	美観・景観
III 加速期状態	鋼材が露出したり，鋼材腐食が開始	凍害深さが大きくなりはく離，鋼材腐食発生	安全性 使用性 第三者影響度
IV 劣化期状態	鋼材腐食が進行し，耐荷力の低下が顕著	凍害深さが鋼材位置以上になり腐食が激しい	

表 6.8　外観観察結果を用いた判定方法（アルカリシリカ反応）

劣化過程グレード	劣化過程の定義	外観上の劣化の状態（グレードに対応）	要求性能の標準的な限界
I 潜伏期状態	ASR は進行するが，膨張やひび割れなし	変状なし	
II 進展期状態	膨張が継続的に進行しひび割れが発生するが，鋼材腐食はない	ひび割れ発生，変色，ゲルの滲出	使用性 第三者影響度 美観・景観
III 加速期状態	膨張速度が最大を示し，ひび割れが進展	ひび割れが進展し，ひび割れ幅，本数，密度が増大	安全性
IV 劣化期状態	ひび割れ幅，密度が増大し鋼材腐食が進行するとともに，過大な膨張が発生した場合は鋼材が損傷と耐荷力に影響	ひび割れ多数発生，構造物に段差，ずれ，部分的なはく離・はく落，鋼材腐食が進行し錆汁，変位・変形	

表 6.9　外観観察結果を用いた判定方法（化学的侵食）

劣化過程グレード	劣化過程の定義	外観上の劣化の状態（グレードに対応）	要求性能の標準的な限界
I 潜伏期前期状態	コンクリートの変質が生じるまで	変状なし	
II 進展期状態	コンクリート中の骨材が露出し，剥がれ始めるまで	コンクリートが変状	第三者影響度 美観（保護層，コンクリート）
III 加速期状態	鋼材腐食が進行する	コンクリートのひび割れや断面欠損が著しく，骨材が露出あるいは，はく落している	安全性（耐荷力低下） 使用性（剛性低下）
IV 劣化期状態	コンクリートの断面欠損・鋼材腐食による耐荷力の低下が顕著	鋼材の腐食が著しい，変位・たわみが大きい	安全性（靱性低下）

り，すなわち腐食ひび割れが発生する前までとなる．外観観察結果により，中性化による鋼材腐食の結果として腐食ひび割れが発生していれば，対象構造物は要求性能を満足しておらず，腐食ひび割れが発生していなければ要求性能を満足していると評価できる．このように，外観観察結果を活用して簡便に現状の構造物の状況を評価することは可能であるが，予定供用期間終了までの将来に関する評価は，外観観察結果からでは一般的に難しい．

6.2 材料劣化診断

表 6.10 外観観察結果を用いた判定方法（床版の疲労）

劣化過程 グレード	劣化過程の定義 外観上の劣化の状態（グレードに対応）	要求性能の 標準的な限界
I 潜伏期状態	乾燥収縮もしくは荷重による主筋に沿った一方向ひび割れが数本確認できる	
II 進展期状態	主筋に沿った曲げひび割れが進展するとともに，配力筋に沿う方向のひび割れも進展し始め，格子状のひび割れ網が形成	
III 加速期状態	ひび割れ網細化が進み，ひび割れ幅の開閉やひび割れ面のこすり合わせが始まる	安全性（せん断剛性低下） 第三者影響度 美観・景観
IV 劣化期状態	床版断面内にひび割れが貫通すると床版の連続性は失われ，貫通ひび割れで区切られた梁状部材として輪荷重に抵抗する	安全性（耐荷力低下） 使用性

また，過去の調査結果やナレッジをベースとした劣化診断および劣化予測手法も提案されている．図 6.2 は劣化診断ソフトの一例であるが，対象構造物の基本情報（環境条件，構造形式など），目視検査結果を入力すると，劣化機構および劣化程度の推定結果が出力される[1]．

劣化過程を確率論的に表現する方法の一例として，マルコフ過程を用いた劣化進行モデルが提案されている[2]．マルコフ過程のコンセプトは極めて単純で，ある状態から別の状態に移行する状況を推移確率によって表現できる，というものである．これを構造物の劣化過程にあてはめると，例えば塩害の場合，表 6.6 より劣化過程は，状態 I-1，I-2，II-1，II-2，III と定義されており，状態間の推移確率を状態によらず一定の x，単位推移期間を n 年と仮定すると，t 年後の構造物の劣化状態は式 (6.1) で記述できる．

$$\begin{pmatrix} \text{I-1} \\ \text{I-2} \\ \text{II-1} \\ \text{II-1} \\ \text{III} \end{pmatrix} = \begin{pmatrix} 1-x & 0 & 0 & 0 & 0 \\ x & 1-x & 0 & 0 & 0 \\ 0 & x & 1-x & 0 & 0 \\ 0 & 0 & x & 1-x & 0 \\ 0 & 0 & 0 & x & 1 \end{pmatrix}^{t/n} \begin{pmatrix} 1 \\ 0 \\ 0 \\ 0 \\ 0 \end{pmatrix} \quad (6.1)$$

図 6.3 は，推移確率 x が 0.1 の場合の計算結果を示している．式 (6.1) から明らかなように，マルコフ過程による劣化進行予測は，単位推移期間における推移

第6章 コンクリート構造物の診断と検査技術の活用

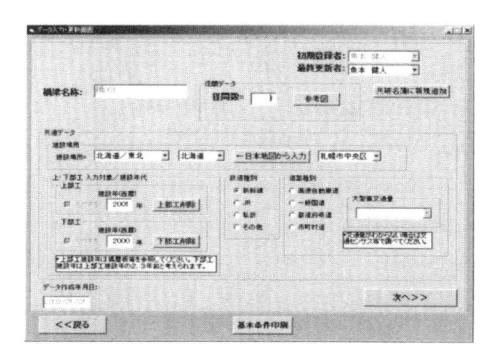

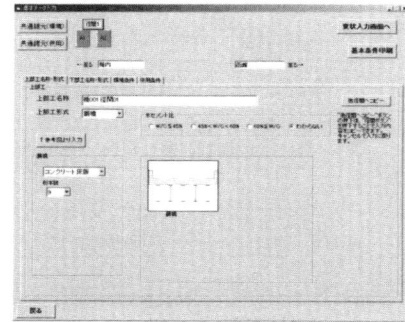

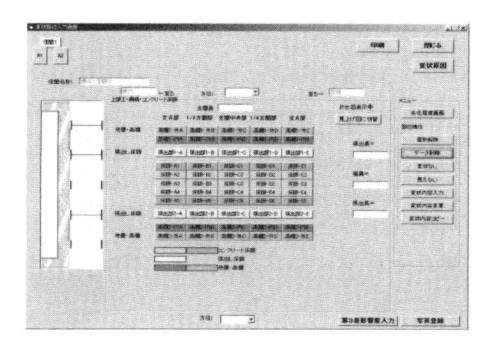

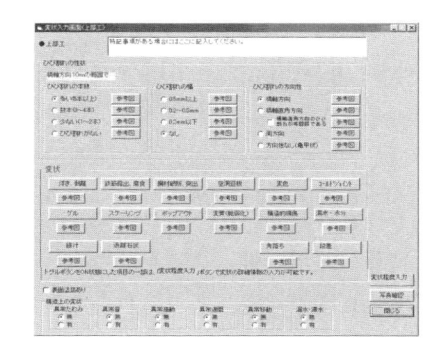

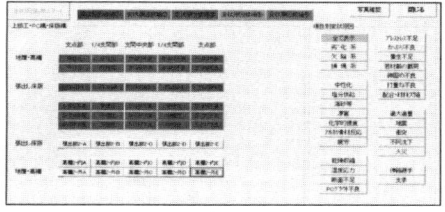

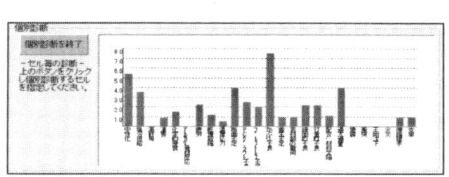

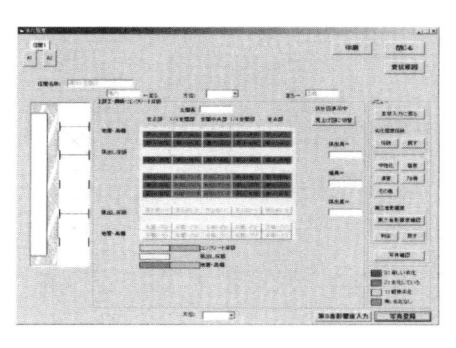

図6.2 劣化診断ソフトの一例[1]

6.2 材料劣化診断

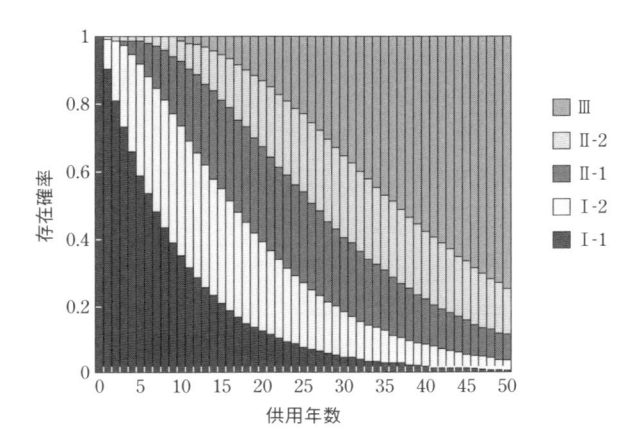

図 6.3 マルコフ過程を用いた劣化進行予測の例（推移確率 = 0.1）

確率をどのように決定するかが重要となる．この値は，構造物の品質と劣化環境（外的および内的）に依存するものであり，過去の調査結果や類似の劣化事例の調査結果を利用して決定するのが一般的である．なお，ここでは全ての劣化間の推移確率を一定の x と仮定し説明したが，劣化間ごとに異なる値を設定することも，当然のことながら可能である．

例題 1

以下に示す情報を基に，コンクリート構造物の劣化機構，現在の劣化過程を推測し，現在のコンクリート構造物の性能が要求性能を満足しているかを評価・判定せよ．
- 対象構造物：道路橋
- 供用期間：30 年
- 環境条件：海岸および温泉地域ではない，酸性水の供給なし，温度：0〜35℃
- 材料条件：反応性骨材なし，海砂使用の可能性あり
- 要求性能：安全性，使用性
- 既往の点検結果：初期欠陥なし，荷重によるひび割れなし
- 外観調査結果：スターラップに沿っていると思われるひび割れあり，錆汁なし

第6章　コンクリート構造物の診断と検査技術の活用

解答1

環境条件，材料条件およびひび割れの状況より，当該構造物の劣化機構が以下の4つである可能性は少ない．

凍害	最低温度が0℃なので凍結の可能性は低い
化学的侵食	温泉地域でなく酸性水の供給もない
アルカリ骨材反応	反応性骨材を使用していない
疲労	荷重の影響によるひび割れなし

これにより，残った劣化機構は中性化および塩害となる．

既往の調査結果より，外観調査で確認されたひび割れは初期欠陥および荷重によるものではない．一般的に，スターラップのかぶりは主筋のかぶりよりも小さく，中性化や塩害による鋼材の腐食は，構造物の表面に近い鋼材から順に腐食していくことから，スターラップに沿っていると思われるひび割れの原因は，鋼材腐食である可能性が高い．中性化は大気中に存在する二酸化炭素ガスが要因であるため，屋外においては，鋼材腐食を生じた劣化機構が中性化である可能性を否定できない．また，海砂を使用している場合でも，混入された塩化物イオン濃度が発錆限界塩化物イオン濃度を下回っていることが確認できれば，塩害の可能性を否定することはできるが，現時点で得られている情報からは判断できず，環境条件が海岸地域でなくても，劣化機構が塩害である可能性も否定できない．

以上により，ひび割れの発生原因は鋼材腐食である可能性が高いが，その原因が中性化によるものか，塩害によるものかは，これらの情報では判断できないため，劣化機構としては「中性化および塩害」となる．

劣化過程は，以下のとおりである．
・中性化：鋼材の腐食ひび割れが発生しているが錆汁はないので，「加速期前期」
・塩害：鋼材の腐食ひび割れが発生しているが錆汁はないので，「加速期前期」

要求性能は，安全性および使用性であり，各劣化機構との対応を考えると，以下のように位置づけられる．
・中性化：安全性は劣化期の手前まで，使用性は加速期後期の手前までなので，要求性能としてクリティカルになるのは使用性である．現在の状況は加速期前期であり，使用性の限界である加速期後期の手前までを満足する．よって，現

- 在の構造物は要求性能を満足する.
- 塩害：安全性，使用性ともに加速期後期の手前までであり，現在の状況は加速期前期であることから，安全性，使用性の限界である加速期後期の手前までを満足する．よって，現在の構造物は要求性能を満足する．

補足として，実際の診断においては，可能であれば劣化機構を確定することが望ましい．そのため，当該構造物からサンプルを採取し，中性化の進行状況および塩化物イオン濃度を計測することを提案するべきである．

> **例題2**
> マルコフ過程を利用した劣化進行予測を実施する．劣化機構は凍害とし，推移確率は劣化過程に依らず一定の0.3とする．なお，単位推移期間は5年である．このとき，20年後と40年後の各劣化過程の存在確率を予測せよ．

解答2

凍害の劣化過程は，状態Ⅰ，Ⅱ，Ⅲ，Ⅳの4段階である．単位推移期間が5年であるので，20年後は4回，40年後は8回，推移した結果となる．式(6.1)より，

$$\begin{pmatrix} \mathrm{I} \\ \mathrm{II} \\ \mathrm{III} \\ \mathrm{IV} \end{pmatrix} = \begin{pmatrix} 1-0.3 & 0 & 0 & 0 \\ 0.3 & 1-0.3 & 0 & 0 \\ 0 & 0.3 & 1-0.3 & 0 \\ 0 & 0 & 0.3 & 1 \end{pmatrix}^{t/5} \begin{pmatrix} 1 \\ 0 \\ 0 \\ 0 \end{pmatrix} \quad (t=20,\ 40)$$

を得る．

これにより，20年後：$\begin{pmatrix} \mathrm{I} \\ \mathrm{II} \\ \mathrm{III} \\ \mathrm{IV} \end{pmatrix} = \begin{pmatrix} 0.240 \\ 0.412 \\ 0.265 \\ 0.084 \end{pmatrix}$，40年後：$\begin{pmatrix} \mathrm{I} \\ \mathrm{II} \\ \mathrm{III} \\ \mathrm{IV} \end{pmatrix} = \begin{pmatrix} 0.058 \\ 0.198 \\ 0.296 \\ 0.448 \end{pmatrix}$

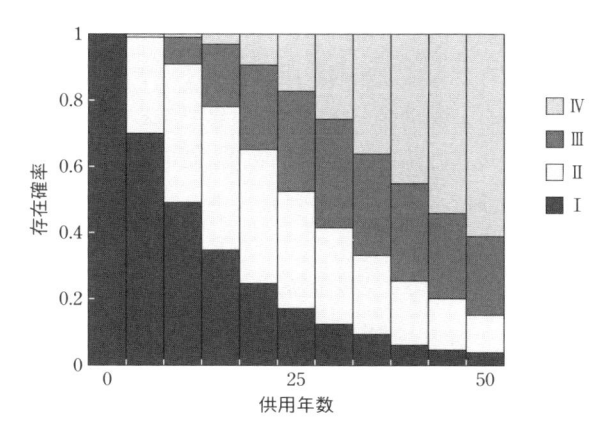

第6章 コンクリート構造物の診断と検査技術の活用

(2) 劣化機構ごとの劣化予測

本項では現状の技術レベルを鑑み,簡易なモデルを利用して劣化過程を予測可能な中性化および塩害に関して説明する.凍害,アルカリシリカ反応,化学的侵食に関しても,劣化予測手法の提案はあるものの,実用に耐えうるものとは言い難く,今後の研究成果に期待したい.また,疲労に関しては6.3節を参照されたい.

(a) 中性化

3章で記述したように,中性化の劣化予測においては,まず中性化の進行を予測する必要がある.実際の中性化進行のメカニズムは複雑であるが,そのメカニズムを単純にモデル化し,炭酸ガスの拡散のみで表現するのが一般的である.Fickの拡散方程式は式(6.2)で記述され,境界条件 C_0 一定および初期にコンクリート中に存在する炭酸ガスがない条件下では,式(6.3)に示す解析解が存在する.

$$\frac{\partial C}{\partial t} = D_{CO_2} \left(\frac{\partial^2 C}{\partial x^2} \right) \tag{6.2}$$

ここに,C は炭酸ガス濃度,D_{CO_2} は炭酸ガスの見かけの拡散係数,t は時間,x は境界(コンクリート表面)からの距離(深さ)である.

$$\frac{C}{C_0} = 1 - \mathrm{erf}\left(\frac{x}{2\sqrt{D_{CO_2}t}} \right) \tag{6.3}$$

ここに,erf は誤差関数 $\mathrm{erf}(u) = \frac{2}{\sqrt{\pi}} \int_0^u e^{-t^2} dt$ である.

中性化深さを予測するので，深さ x の式として式 (6.3) を式 (6.4) のように変換する．

$$x = 2\sqrt{D_{\mathrm{CO_2}}} \cdot \mathrm{erf}^{-1}\left(1 - \frac{C}{C_0}\right)\sqrt{t} \tag{6.4}$$

ここで，コンクリートの中性化深さは，フェノールフタレインアルコール溶液によって測定を行うが（中性化領域：無色，未中性化領域：紫色），中性化を示す炭酸ガス濃度のしきい値を C_{th} とすれば，中性化領域の先端位置（中性化深さ：$x_{\mathrm{CO_2}}$）は式 (6.4) に代入して，式 (6.5) により計算できる．

$$x_{\mathrm{CO_2}} = 2\sqrt{D_{\mathrm{CO_2}}} \cdot \mathrm{erf}^{-1}\left(1 - \frac{C_{th}}{C_0}\right)\sqrt{t} = b\sqrt{t} \tag{6.5}$$

時間 t 以外は全て定数であるため，中性化深さは $\sqrt{t}$ に比例していることがわかる．これが $\sqrt{t}$ 則である．なお，厳密には見かけの拡散係数は時間の経過とともに変化する場合があるが，このモデル化は現象を極めて単純化しているため，一般には見かけの拡散係数も定数とみなす．図 6.4 は，この考え方をグラフ化したものであるが，左図はコンクリート中の炭酸ガス濃度の経時変化を示し，しきい値 C_{th} となる時間と深さの関係を示したものが右図である．この時間と深さの関係により，深さが $\sqrt{t}$ に比例していることがわかる．

式 (6.5) からわかるように，中性化深さを予測するためには，比例定数 (b) が必要となる．なおこの比例定数を，一般には中性化速度係数と呼ぶ．このモデル化に関しては，数多くの式が提案されており，土木学会の示方書では，式 (6.6) のように定式化されている．

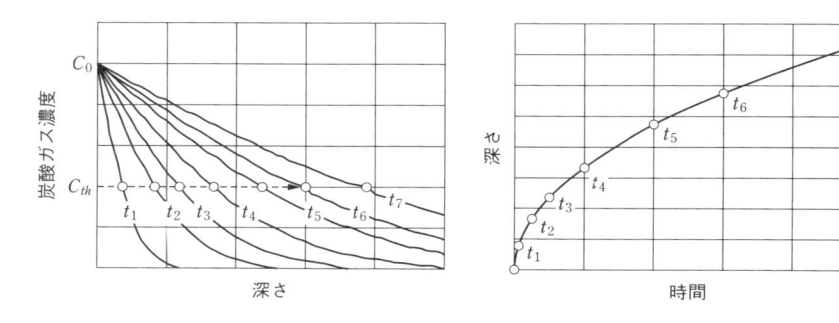

図 6.4 中性化深さの予測モデルの概念図

第6章 コンクリート構造物の診断と検査技術の活用

$$b = -3.57 + \frac{9.0W}{B} \qquad B = C + k \cdot A_d \tag{6.6}$$

ここに，W/B は有効水結合材比，W は単位体積当たりの水の質量，B は単位体積当たりの有効結合材の質量，C は単位体積当たりのポルトランドセメントの質量，k は混和材の種類により定まる定数（フライアッシュ = 0，高炉スラグ微粉末 = 0.7），A_d は単位体積当たりの混和材の質量である．配合条件と各係数の算出した例を**表 6.11** に，得られた中性化速度係数を用いて中性化深さを予測した結果を**図 6.5** に示す．

土木学会の示方書で提案されている式などは，過去の実験結果および調査結果に基づいて提案されているものであり，診断対象構造物の実情を反映していない場合がある．そのため，既存構造物の中性化深さを最も精度よく予測するためには，実構造物の調査結果を活用する必要がある．例えば，供用 20 年の構造物の中性化深さを測定した結果が 10 mm の場合，中性化速度係数は簡単に式 (6.7) のように計算でき，この結果を用いて予定供用期間終了までの中性化深さの進行

表 6.11 中性化速度式の係数算出結果の例

W [kg/m³]	C [kg/m³]	A_d [kg/m³]		B	W/B	b
		FA	BS			
175	350	0	0	350	0.50	0.93
175	310	40	0	310	0.56	1.47
175	150	0	200	290	0.60	1.83

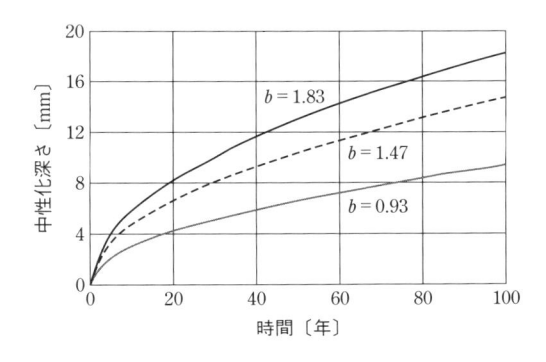

図 6.5 中性化深さの予測結果の例

を予測することができる．ただし，点検結果が対象構造物の中性化進行を代表しているとは限らず，特異な点を抽出している可能性もある．そのため，ある程度のサンプル数を確保するとともに，中性化進行の空間的なばらつきを適切に考慮した安全係数の設定が必要となる．安全係数の設定の考え方に関しては，参考図書2を参考にするとよい．

$$b = \frac{10}{\sqrt{20}} = 2.24 \tag{6.7}$$

中性化による鋼材発錆は，3章で記述したように中性化残り（かぶりと中性化深さの差）で判定することができる．発錆の条件は，一般環境下では中性化残りが10 mm，塩分が供給される環境下では25 mmが一般的に用いられている．

鋼材発錆後は，鋼材の腐食速度を予測する必要があるが，ここでも，最も信頼性の高い結果を得るためには，点検結果に基づいて鋼材の腐食速度を推測することである．点検結果は，供用期間の異なる時期における数点の結果を活用することが望ましいが，仮に時間軸上の変化として1回の調査結果であっても，発錆前の中性化深さの調査結果があれば，概略の進行速度を推測することは可能である．

例えば，一般環境下に存在する構造物の点検結果として**表6.12**の場合を考えてみる．供用期間30年において中性化深さを測定した結果（25 mm）と，式(6.7)から中性化速係数は4.56と計算できる．一般環境下でかぶりが40 mmの構造物なので，中性化深さ30 mm（中性化残り10 mm）で鋼材発錆となる．式(6.5)により鋼材発錆時期を予測すると43.3年を得る．供用期間45年において腐食量を測定した結果が1 mg/cm²であり，腐食の進行が時間に比例すると仮定すれば，腐食速度は0.58 mg/cm²/年となる．腐食生成物の体積膨張により発生する

表6.12 点検結果と予測結果

かぶり〔mm〕	40
中性化深さ〔mm〕 調査実施＝30〔年〕	25
中性化速度係数〔mm/√年〕	4.56
予測発錆時期〔年〕	43.3
腐食量〔mg/cm²〕 調査実施＝45〔年〕	1
腐食速度〔mg/cm²/年〕	$1/(45-43.3) = 0.58$
予測腐食ひび割れ発生時期〔年〕	60.5

ひび割れは,かぶり,コンクリートの品質,鋼材径などの要因に支配されているが,土木学会の示方書では腐食量が 10 mg/cm^2 に達したときに,腐食ひび割れが発生するとしている.この判定基準と得られた腐食速度より,腐食ひび割れ発生時期は 60.5 年と計算できる.

また,鋼材腐食の状況を把握するために,自然電位,分極抵抗,コンクリート抵抗などの電気化学的測定方法が提案されているが,腐食の有無を判断することは,ある程度の精度で可能であるが,腐食速度の予測となると難しい状況にあり,これに関しては今後の研究成果に期待したい.

腐食ひび割れ発生後の劣化予測には,ひび割れを有する構造物の材料劣化進行のメカニズム解明や,腐食した鋼材が部材あるいは構造物の力学的性能に及ぼす影響の把握,が必要不可欠であるが,これらの分野は現在精力的に研究が進められている段階であり,残念ながらモデルを用いて劣化を予測することは難しい状況にある.

(b) 塩　害

塩害劣化においてもまず,塩化物イオンの浸透を予測する必要があり,3 章で記述したように,現象を簡略化し,Fick の拡散方程式を適用するのが一般的である.中性化と同じく,境界条件が一定 (C_0) の条件下では,式 (6.8) の解析解により塩化物イオンの浸透を予測することができる.

$$C = (C_0 - C_i)\left\{1 - \mathrm{erf}\left(\frac{x}{2\sqrt{D_a t}}\right)\right\} + C_i \tag{6.8}$$

ここに,C は時間 t〔sec〕,深さ x〔m〕における全塩化物イオン濃度〔kg/m^3〕,C_i は初期にコンクリート中に存在する全塩化物イオン濃度〔kg/m^3〕,D_a は塩化物イオンの見かけの拡散係数〔m^2/sec〕である.

式 (6.8) により塩化物イオンの浸透を予測するためには,境界条件であるコンクリート表面における塩化物イオン濃度 C_0,初期にコンクリート中に存在する全塩化物イオン濃度 C_i,塩化物イオンの見かけの拡散係数 D_a,かぶり x の情報が必要となる.中性化の場合と同じく,サンプルの妥当性を検討する必要はあるが,一般的には点検により,これらの値を同定するのが最も精度のよい結果を得られる.一般的な点検方法は,ドリル法やコア採取により得た試料を化学分析し,全塩化物イオン濃度のプロファイル曲線を得る方法である.実際の点検方法,

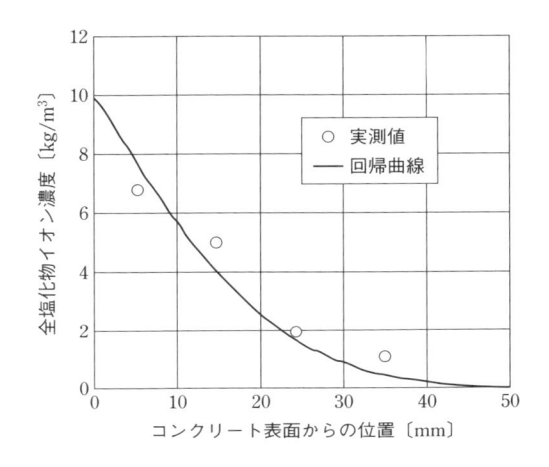

図 6.6　全塩化物イオン濃度の測定結果と回帰結果

表 6.13　回帰分析結果

コンクリート表面における塩化物イオン濃度〔kg/m³〕	10
塩化物イオンの見かけの拡散係数〔m²/sec〕	5×10^{-13}

分析方法の詳細は参考図書3を参考とするのがよい．例えば点検の結果，**図 6.6** に示す全塩化物イオンのプロファイル曲線が得られた場合を考える．測定結果に式 (6.8) を適用して回帰分析すると，**表 6.13** の結果が得られる．なお，ここでは初期にコンクリート中には塩化物イオンは存在していないとする．

かぶりは，5章で記述があるように，電磁波レーダ法や電磁誘導法により計測することができ，ここでは 50 mm であったとする．得られた結果より，かぶり 50 mm における全塩化物イオン濃度の経時変化を**図 6.7** に示す．3章で記述したように，土木学会の示方書では鋼材発錆限界塩化物イオン濃度は，1.2 kg/m³ であり，この値を基準とすれば供用期間約 33 年において鋼材腐食が開始する．

腐食発生後の劣化予測は，中性化の場合と同じように点検結果に基づき，腐食速度を推測し，得られた腐食速度から腐食ひび割れ発生時期を予測することとなる．

また，点検結果がない場合には，土木学会の示方書［施工編］に記載されている，環境区分とコンクリート表面における塩化物イオン濃度の関係（**表 6.14**）と，

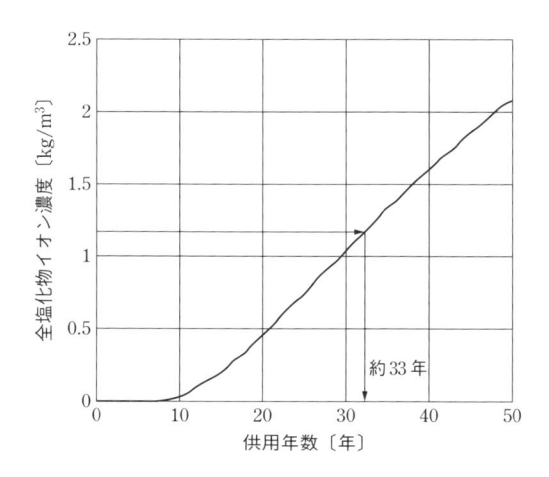

第6章 コンクリート構造物の診断と検査技術の活用

図 6.7 全塩化物イオンの経時変化（予測結果）

表 6.14 環境区分とコンクリートの表面における塩化物イオン濃度の関係

飛沫帯	海岸からの距離〔km〕				
	汀線付近	0.1	0.25	0.5	1.0
13.0	9.0	4.5	3.0	2.0	1.5

式（6.9）に示す塩化物イオンの見かけの拡散係数の予測式を用いて，同様な手順により塩化物イオンの浸透を予測することが可能である．ただし，中性化と同じく，これらの数値や式は，既往の調査結果に基づいて得られた結果であるため，対象構造物の実情を反映しない場合もあり，適切な安全係数を設定することが重要となる．安全係数の設定は参考図書4を参照されたい．

$$\log D_p = -3.9 \left(\frac{W}{C}\right)^2 + 7.2 \left(\frac{W}{C}\right) - 2.5 : 普通ポルトランドセメント$$

$$\log D_p = -3.0 \left(\frac{W}{C}\right)^2 + 5.4 \left(\frac{W}{C}\right) - 2.2 : 高炉セメントやシリカフューム$$

(6.9)

6.2.3 評価・判定

劣化機構を推定し劣化予測を行った後は，劣化予測の結果に基づき，構造物の

性能が予定供用期間において要求性能を満足するか否か，評価・判定する．ただし，材料劣化の状況と構造物の性能を定量的に結びつける技術は現存せず，土木学会の示方書で提案されているような，劣化過程と性能の関係から評価するのが一般的である．また，前記したように現状の劣化予測は点検の結果に基づいて行う必要があるため，必ずしも診断時において将来の劣化予測が可能であるとは限らない．このような場合は，得られた劣化予測の結果に基づき，将来において，いつ，どのような点検を実施すべきかを提案することも，評価・判定の重要な点である．

　例えば，前項の中性化で説明した例が劣化予測の結果であるとする．ここで，対象構造物の要求性能を安全性，使用性，第三者影響度，予定供用期間 50 年とする．表 6.5 より，最もクリティカルな要求性能（最も劣化過程の早期に位置している要求性能）は第三者影響度であり，その標準的な限界値は加速期前期の手前（腐食ひび割れ発生前）である．すなわち，予定供用期間内において腐食ひび割れが発生しなければ要求性能を満足し，腐食ひび割れが発生すれば要求性能を満足しないと評価・判定できる．調査実施の供用期間 30 年を現時点とすれば，現在の構造物の状態は，表 6.12 より中性化残りが 15 mm ＞ 10 mm なので，腐食は発生していない．よって，現時点では要求性能を満足していることになる．中性化深さの点検結果より，発錆時期は 43.3 年と予測できるが，その後の腐食進行の予測は難しい．そこで，ここでの評価・判定として将来における腐食進行を把握するために，供用期間 45 年において腐食量の測定を実施することを提案する．供用期間 45 年で実施した腐食量の測定結果より，予測腐食ひび割れ発生時期は 60.5 年と計算できる．これは予定供用期間を上回っており，最終的に要求性能を満足していると評価・判定できる．

第6章　コンクリート構造物の診断と検査技術の活用

> **例題3**
>
> 　以下に示す情報を基に，劣化予測と評価・判定を実施せよ．劣化過程と要求性能の対応は，標準的な対応関係を用いてよい．なお，与えられた条件だけでは，構造物の性能が予定供用期間終了まで要求性能を満足するか否かが判断できない場合は，適当な情報を各自追加せよ．
> - 供用期間：25年
> - 予定供用期間：50年
> - 要求性能：安全性，使用性，第三者影響度，美観・景観
> - かぶり：40 mm
> - 劣化機構：中性化のみ（初期塩分の混入塩分および塩分の供給はない）
> - 点検結果：中性化深さ＝25 mm

解答3

　要求性能の中で限界状態の劣化過程が，最も早期に現れる美観・景観がクリティカルとなり，その劣化過程は腐食ひび割れ発生の手前までとなる．すなわち，供用期間50年にて腐食ひび割れが発生するか否かを評価・判定することとなる．

　まず，中性化速度係数を求める．25年で25 mmの中性化深さであるので，

$$b = \frac{25}{\sqrt{25}} = 5$$

　ここで，対象構造物に塩分供給の可能性はないので，中性化残り10 mmで発錆すると設定できる（なお，仮に塩分の供給がある場合は，前記したように中性化残りを25 mmと設定する必要がある）．これにより，発錆時期は，

$$40 - 10 = 5\sqrt{t} \rightarrow t = \left(\frac{30}{5}\right)^2 = 36 \text{〔年〕}$$

となる．

　ここで，腐食速度の予測はできないので，現時点における評価・判定の一例は，「供用25年では腐食ひび割れ発生前にあり要求性能を満足しているが，予定供用期間終了時点の状況を評価・判定するのは難しい．そこで，発錆時期の予測に基づき供用期間38年において，腐食量の測定を実施することを提案する」となる．

ここで，与えられた条件だけでは，構造物の性能が予定供用期間終了まで要求性能を満足するか否かが判断できないので，前記した評価・判定結果に基づき，供用期間 38 年で腐食量の測定を実施したとする．そのときの腐食量を $1.0\,\mathrm{mg/cm^2}$ とする．ここで，腐食速度は時間に比例すると仮定すれば，

$$\frac{1.0}{38-36} = 0.5\,[\mathrm{mg/cm^2/y}]$$

となる．腐食ひび割れが発生する腐食量を $10\,\mathrm{mg/cm^2}$ とすれば，腐食ひび割れ発生時期は，

$$36 + \frac{10}{0.5} = 56\,[年]$$

と計算できる．

以上により，「予測腐食ひび割れ発生時期は供用期間 56 年であり，予定供用期間 50 年を上回るため，構造物は供用期間中要求性能を満足する」と評価・判定できる．

例題 4

以下に示す情報を基に，劣化予測と評価・判定を実施せよ．劣化過程と要求性能の対応は，標準的な対応関係を用いてよい．なお，与えられた条件だけでは，構造物の性能が予定供用期間終了まで要求性能を満足するか否かが判断できない場合は，適当な情報を各自追加せよ．

- 供用期間：15 年
- 予定供用期間：50 年
- 要求性能：安全性，使用性
- かぶり：70 mm
- 劣化機構：塩害のみ
- 点検結果：初期塩分量無し，ひび割れなし
  全塩化物イオン濃度のプロファイル曲線より
  コンクリート表面における塩化物イオン濃度 = $9\,\mathrm{kg/m^3}$
  見かけの拡散係数 = $0.5\,\mathrm{cm^2/y}$

解答4

　安全性および使用性ともに，限界状態の劣化過程は加速期後期の手前までであり，その劣化の状況は，多数の腐食ひび割れ，錆汁，部分的なはく離・はく落が発生するまでとなる．

　まず，供用期間15年の調査結果から得られた，コンクリート表面における塩化物イオン濃度 C_0 と見かけの拡散係数 D_a から，式（6.8）により鋼材表面における塩化物イオン濃度の時間変化を計算する．なお，誤差関数 erf は，市販の表計算ソフトにおいて関数機能として登録されていることが多い．また，近似関数として以下の式も利用可能である．

$$C = (9-0)\left\{1 - \mathrm{erf}\left(\frac{7}{2\sqrt{0.5t}}\right)\right\} + 0$$

$$1 - \mathrm{erf}(u) = \frac{1}{(0.078108u^4 + 0.000972u^3 + 0.230389u^2 + 0.27839u + 1)^4},$$

$$\left(u = \frac{x}{2\sqrt{D_a \cdot t}}\right)$$

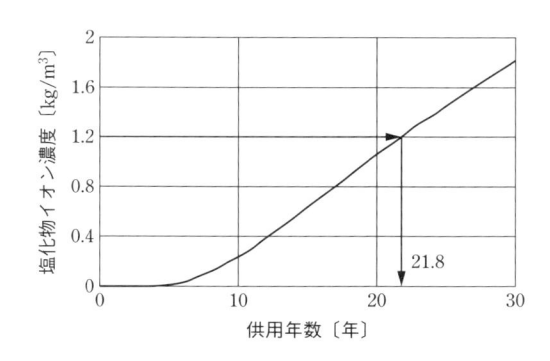

　計算の結果，21.8年で発錆限界塩化物イオン濃度を超えることがわかる．なお，この段階では腐食速度は予測できないため，供用期間15年の評価・判定結果としては，「供用15年では腐食ひび割れすら発生していないため，要求性能を満足しているが，予定供用期間終了時点の状況を評価・判定するのは難しい．そこで，発錆時期の予測に基づき供用期間25年において，腐食量の測定を実施することを提案する」となる．

ここで，与えられた条件だけでは，構造物の性能が予定供用期間終了まで要求性能を満足するか否かが判断できないので，前記した評価・判定結果に基づき，供用期間 25 年で腐食量の測定を実施したとする．そのときの腐食量を $2.0\,\mathrm{mg/cm^2}$ とする．ここで，腐食速度は時間に比例すると仮定すれば，

$$\frac{2.0}{25-21.8} = 0.625\,\mathrm{[mg/cm^2/y]}$$

となる．腐食ひび割れが発生する腐食量を $10\,\mathrm{mg/cm^2}$ とすれば，腐食ひび割れ発生時期は，

$$21.8 + \frac{10}{0.625} = 37.8\,\mathrm{[年]}$$

と計算できる．

ここで，腐食ひび割れ発生後の劣化予測は，現状の技術レベルでは非常に難しいため，調査により多数の腐食ひび割れが発生していないか，錆汁，部分的なはく離・はく落がないか，を把握することが重要となる．そのため，最終的な評価・判定の例は，「予測腐食ひび割れ発生時期は 37.8 年であり，予定供用期間終了までには約 12 年ある．現時点で，対象構造物の性能が要求性能を満足するか否かの判定は難しく，供用期間 38 年以降はこまめに外観観察を行うか，あるいは，適切な時期に補修を実施するのが望ましい」となる．

6.3 構造劣化・診断

6.3.1 構造劣化

本節では，コンクリート構造物あるいは部材の構造劣化とその診断手法について解説する．ここで扱う「構造劣化」とは，コンクリート構造物あるいは部材として必要とされる性能が低下することを指すことにする．構造物に要求される性能は多岐にわたるが，構造物やその構成単位である部材の力学的特性に関する性能（以下構造性能という）には，一般に使用性や安全性などがある．使用性とは，構造物の使用者や周辺の人が許容限度以上の不快感を覚えず，快適に構造物を使用するために構造に求められる性能であり，安全性とは，構造物の使用者やその周辺住民の生命，財産を脅かさないための性能であり，一般には構造物や部材断面の破壊に関する性能をいう．

コンクリート構造物の劣化は，表6.1に分類されるような様々な要因で生じる．構造物に劣化・損傷が生じると，構造物には変状が観察されたり，構造特性が変化したりする．構造物に現れる変状には，ひび割れ，はく離，錆汁の発生，沈下，移動などがあり，それに伴って，構造物には，異常なたわみ，振動，異常音の発生などが生じる．これらの変状が生じる構造的要因としては，疲労，支承の機能不全，構造的欠陥，地盤沈下，地震，衝突，火災などが挙げられる．

（1） 疲　労

コンクリート構造物に繰返し荷重が作用することにより，その構成材料であるコンクリートにひび割れや補強材（鉄筋やPC鋼材）に亀裂が発生し，それらが進展することにより，部材の性能低下が起こり，最終的に部材の破壊に至る現象を疲労破壊と呼んでいる．疲労破壊は，静的な耐荷力よりも低い繰返し荷重で破壊するのが特徴である．鉄筋コンクリート構造物の疲労は，はり部材の疲労と床版の疲労とに分類することができる．前者は，補強材の疲労破壊が主な原因となることが多いために，補強材の疲労に着目するのが一般的である．後者は，スパン長に対して部材厚が相対的に薄い構造で，疲労の影響を受けやすい．繰返し荷重により，コンクリート床版にひび割れが発生すると，ひび割れの進展とともに，

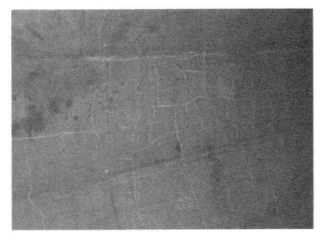

図 6.8　道路橋上部構造の疲労によるひび割れ

コンクリートの骨材化が進み，コンクリートのはく落や最終的には押抜きせん断破壊的な抜け落ちが生じる．そのため，床版の疲労では，劣化の程度を評価するために，床版下面のひび割れの方向性や密度に着目するのが一般的である（図 **6.8**）．

コンクリート構造物の疲労による損傷事例は，道路橋床版を除いてはほとんどないのが現状である．したがって，疲労による損傷が問題になるのは，一般にRC床版と考えてよい．

（2）　**支承の機能不全**

支承の劣化や破損などによって，本来の機能を果たさなくなることをいう．支承の機能不全が生じると，設計上考慮されていない荷重が作用することになり，ひび割れなどの変状が生じることになる．例えば，可動支承が機能しない状態になった場合には，構造物を拘束することから，コンクリートにひび割れを生じさせることになる．

（3）　**構造的欠陥**

設計・施工上の間違いにより，本来果たすべき構造物の機能が十分に果たせなくなることが起こる．かぶり不足，継手配置，鋼材間隔，過密配筋，排水方法の取り違え，プレストレス不足，グラウト不良などは，設計・施工のプロセスにおいて起こる可能性があり，これらの欠陥が供用後に変状として現れてくる．

（4）　**地盤沈下**

軟弱地盤においては，完成後不等沈下によって，構造物に大きな荷重が作用し，ひび割れなどの変状が生じる．

（5） 損　傷（地震・衝突・火災）

　地震や車両衝突などにより，コンクリートにひび割れやはく離が発生する．また，火災による高温の影響を受けた場合，コンクリートのひび割れ，はく離，はく落，爆裂などが生じる．また，PC構造物の場合には，300℃以上の高温になるとPC鋼材の応力度が急激に減少するために，プレストレスが損失し，構造性能の低下が起こる．これらの損傷は，一過性であるために，比較的原因を特定することが容易である．

　構造物に現れる変状は，構造特性にも影響を与えるので，構造特性を解析することにより，構造物の劣化の程度を推定することができる．一般には，構造劣化は，変位・変形，振動，剛性の変化，あるいは耐荷力や靱性といった力学的特性指標で評価される場合が多い．以下の節では，構造劣化を評価するための手法を紹介する．

6.3.2　コンクリート構造の劣化度の評価

（1）　ひび割れたコンクリートの力学的性質

　健全なコンクリートは，設計時に想定された性能を有していると考えることができるが，コンクリートにひび割れが発生することにより，その性能が低下する．特に，コンクリートの力学的性能の観点からは，ひび割れが発生することによって，強度や剛性が低下する．したがって，コンクリートが劣化・損傷を受けてひび割れが発生した場合には，ひび割れの状況から，コンクリートの性能を推定することが行われる．ここでは，ひび割れたコンクリートの力学的な性質について解説する．

　コンクリートは，最大引張応力に達するとひび割れが発生するが，ひび割れが発生した後も，ひび割れ幅に応じた引張性能を有するために，最大引張応力に達した後も緩やかな荷重低下の傾向が認められる．最大引張応力に達した後の引張応力とひび割れ開口変位の関係を表した曲線を引張軟化曲線と呼んでいる．コンクリートが引張破壊に至るまでに要した仕事に相当する量，すなわちエネルギーは，引張軟化曲線におけるひび割れ開口変位に関する積分値で表され，その量を破壊エネルギー G_F と定義している．コンクリートはひび割れ発生後も，ひび割れ幅に応じて引張抵抗力を有し，その性能は破壊エネルギーで一般に表現するこ

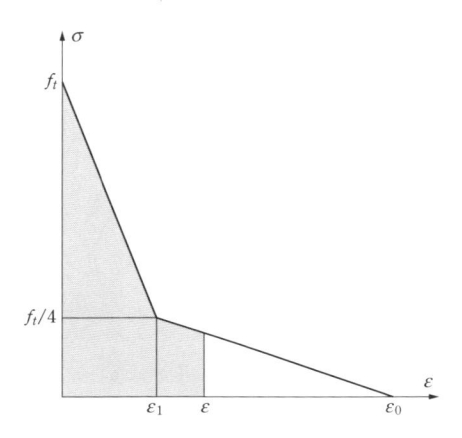

図 6.9 引張軟化曲線（1/4 モデル）

とができる．コンクリート標準示方書[3)]では，破壊エネルギー G_F の算定式として式（6.10）が提案されており，破壊エネルギーはコンクリート強度および粗骨材によって影響を受ける．また，コンクリート標準示方書には引張軟化曲線としては，その取り扱いが簡便なバイリニア型の 1/4 モデルが採用されている．コンクリートの引張軟化特性を応力-ひずみの関係で表したものを図 6.9 に示す．

$$G_F = 10\,(d_{max})^{1/3} f_{ck}'^{1/3} \;[\mathrm{N/m}] \tag{6.10}$$

ここに，d_{max}：粗骨材の最大寸法〔mm〕

f_{ck}'：圧縮強度の特性値〔N/mm^2〕

また，コンクリートにひび割れが生じると，ひび割れと平行方向の圧縮強度がひび割れがない場合のコンクリートに比べて低下することが一般に知られている．

この現象を定量的に扱うために，修正圧縮場理論（modified compression field theory）[4)] が用いられることがある．この理論では圧縮強度の低下は，ひび割れ方向と直交する方向の引張ひずみに依存し，式（6.11）のようなモデルが提案されている（**図 6.10**）．

$$\eta = \cfrac{1.0}{0.8 + 0.34\left(\cfrac{\varepsilon}{\varepsilon_0'}\right)} \leq 1.0 \tag{6.11}$$

ここに，η ：圧縮強度の低下率

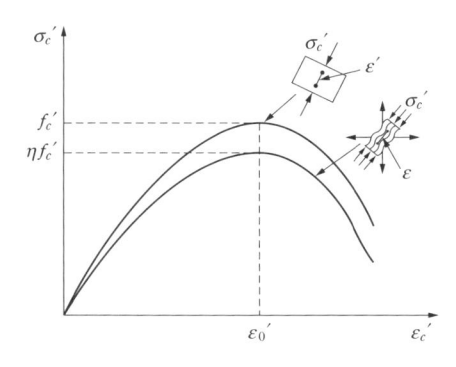

図 6.10　圧縮強度の低下

ε ：引張ひずみ

ε_0'：圧縮強度のピーク時における圧縮ひずみ

　コンクリート表面に観察されるひび割れに引張軟化曲線（1/4 モデル）を適用し，引張ひずみに応じた消費エネルギー（G）と破壊エネルギー（G_F）との比を引張強度の劣化度（$D = G/G_F$）と定義し，さらに圧縮強度の劣化に対して式（6.11）を適用して RC 床版や RC 橋脚を定量的に評価する研究もある[5]．図 **6.11** は，RC 橋脚のディジタル画像から得られたひび割れ図を基に，劣化の程度を数値化した例である．図 6.11（a）は，デジタル写真から製作した RC 橋脚の

図 6.11　RC 橋脚の劣化度の解析例

ひび割れ図と解析のために描いた要素分割を示している．図 6.11 (b) では，各要素ごとに機能的に健全である状態を 0，完全に引張強度が喪失した状態を 100 として橋脚長手方向と直交する方向の引張強度に関する劣化度を数値化して表している．構造物としての劣化度は，各要素の劣化度の平均値として式 (6.12) で求めることができる．

$$D_m = \sum_{i=1}^{n} D_i W_i \tag{6.12}$$

ここに，D_m は構造物における劣化度の平均値を表しており，n はメッシュ（要素）の個数，D_i は各メッシュ（要素）における劣化度，W_i は D_i の重みを表す係数で，$W_i = A_i/A$ で求められ，A_i はメッシュ（要素）の面積，A は全体の面積を表している．

この場合の引張強度の劣化度は，式 (6.12) で求められ，$D_m = 65.2$ となる．また，図 6.11 (c) は，橋脚長手方向の各要素における圧縮強度の劣化度を示している．橋脚としての圧縮強度の劣化度は 0.4 となり，圧縮強度に関してはほとんど低下していないことがわかる．外観では数多くのひび割れが観察されるが，主に圧縮部材として機能する橋脚の強度としては，劣化の程度は小さいと判断される．この手法では，コンクリート表面のひび割れで劣化を評価し，内部のひび割れの程度が考慮されないことが課題として挙げられるが，技術者の経験に頼った定性的な評価から，定量的な評価へと発展させることができる特長がある．

例題 5

下図に示した RC 桁のウェブ部分に斜めひび割れの発生が確認された．このひび割れは，ウェブ中央でおよそ 45 度の方向にひび割れが発生しており，ひび割れ幅を測定したところ平均値が 0.2 mm で，ひび割れの平均間隔は 150 mm であった．斜めひび割れと平行な方向（図中の s 方向）の圧縮強度は，どの程度と推定されるか．

ただし，コンクリートの圧縮強度，およびピーク時における圧縮ひずみをそれぞれ 30 N/mm^2，2.0×10^{-3} とし，乾燥収縮による影響は小さいとして，無視することにする．

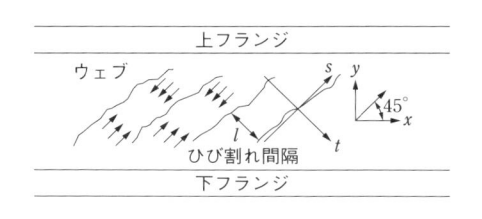

第6章　コンクリート構造物の診断と検査技術の活用

（図：上フランジ、ウェブ、ひび割れ間隔、下フランジ、座標軸 s, y, t, x、45°）

解答5

ひび割れと直交する t 方向の平均ひずみ ε は，ひび割れ幅をひび割れの平均間隔で除することにより，$\varepsilon = 0.2/150 = 1.33 \times 10^{-3}$ と推定される．したがって，式（6.11）より，ひび割れと平行方向（s 方向）の圧縮強度の低下率は，$\eta = 0.68$ となり，圧縮強度は，$f_c' = 0.68 \times 30 = 20.4 \text{ N/mm}^2$ に低下していると推定される．

（2）RC床版の劣化度の評価

道路橋RC床版の場合，損傷の原因として，疲労が問題となることが多い．RC床版の疲労は，1965～1975年代頃から確認され，その後床版の最小厚さ制限や数度にわたる基準の改定などから，性能確保が図られてきた．また，最近では，輪荷重走行試験を用いて，床版の繰返し荷重に対する耐荷機構についても研究が行われている．しかしながら，現在のところRC床版の耐荷力を定量的に評価する手法はまだ確立されていない．

RC床版の劣化度を評価する方法として，ひび割れパターンに着目することが一般に行われている．土木学会コンクリート標準示方書「維持管理編」によると，疲労の劣化進行過程は，潜伏期（状態Ⅰ），進展期（状態Ⅱ），加速期（状態Ⅲ），劣化期（状態Ⅳ）の4段階に分類されており，そのパターンから劣化度を評価している．また，RC床版を評価するために，ひび割れ密度を求めて判定することがある．ひび割れ密度とは，「評価する範囲内に存在するひび割れの長さを合計し，その面積で除する」ことにより求められる．ひび割れ密度と劣化との関係として，**表6.15** に示されるような目安も提案されている[6]．

松井・前田[7] は，床版の劣化度を測定されたたわみから求める方法として式（6.13）を提案し，ひび割れ密度から求める方法として，式（6.14）を提案している．ここに，D_δ は床版のたわみから求められる劣化度を，D_c はひび割れから

表 6.15 ひび割れ密度と劣化との関係

劣化状態	ひび割れ密度
初期状態	2.0 m/m² 以下
中期状態	2.0 〜 5.0 m/m²
末期・破壊状態	5.0 m/m² 以上

求められる劣化度を表わしている．さらに，ひび割れ密度とたわみとの間に相関性が認められることから，使用限界までは $D_c = D_\delta$ となることを導いている．したがって，ひび割れ密度から間接的に劣化度を推定することができるとしている．松井・前田が定義する RC 床版の「使用限界」は，「活荷重たわみが引張側のコンクリートを無視して求めた理論値」に達したときとしており，使用限界に達するときのひび割れ密度は実験値から推定すると 9.4 m/m² としている．

$$D_\delta = \frac{W - W_0}{W_c - W_0} \tag{6.13}$$

ここに，W：実測活荷重たわみ
W_0：コンクリートの全断面を有効と仮定した等方性板の理論たわみ
W_c：引張側のコンクリートを無視した場合の直交異方性を考慮した理論たわみ

$$D_c = \frac{C_d}{C_{d,SL}} \tag{6.14}$$

ここに，C_d：ひび割れ密度
$C_{d,SL}$：使用限界時のひび割れ密度

ひび割れ密度は，ひび割れがある程度進展すると飽和する傾向があり，床版の最終段階までを評価するのは難しい．したがって，床版の劣化を評価する場合，ひび割れ密度のみならず，ひび割れ幅，深さ，コンクリートの劣化などから総合的に判断する必要がある．

(3) 曲げを受けるRC部材の評価

曲げを受ける RC 部材の場合，解析理論も確立されており，その力学的な挙動を終局状態までを予測することが可能となっている．例えば，はり部材の曲げモーメントと曲率との関係は，一般に図 **6.12** に示すような傾向を示す．曲げひび

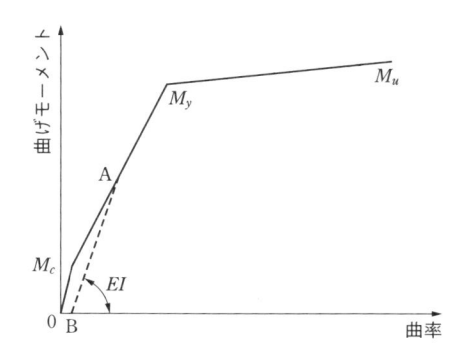

図 6.12 鉄筋コンクリートはり部材の曲げモーメントと曲率の関係

割れ発生時,鉄筋降伏時,終局時の各モーメントは,解析から求めることができる.

設計で想定される供用時の剛性は,図 6.12 中の $M_c \sim M_y$ の範囲にあり,ひび割れ発生後は残留変形(図中 0-B)が生じるため,ひび割れ発生後は B-A の経路をたどることになる.そのときの勾配をひび割れたコンクリートの曲げ剛性 EI として,構造性能の照査に用いることがある.使用時の性能評価では,たわみ,変形・変位などが照査され,その際 A 点と B 点を結ぶ破線で表される曲げ剛性 EI で解析が行われる.また,安全性の照査では,終局時の荷重による断面力が終局時の抵抗曲げモーメント M_u 以下にあることを確認することによって行われる.

6.3.3 コンクリート構造物の評価

構造物を構成する部材の点検結果に基づいて,構造物全体の健全度を評価することが行われる.橋梁の場合には数多くの部材で構成され,検査対象となる部材の中から,着目する部材について重みつき平均によって式(6.15)で橋梁全体の健全度を評価することが行われている.

$$R = \frac{\sum_{i=1}^{n} w_i r_i}{\sum_{i=1}^{n} w_i} \tag{6.15}$$

ここに,r_i は i 番目の部材の健全度であり,w_i はそれに対応する重みである.

例えば，ニューヨーク市の場合，橋梁の 13 部材に着目して橋梁全体の健全度が算出される．**表 6.16** は，ニューヨーク市における，橋梁の着目部材の重み係数と使用限界を示しており，各部材の健全度は 1〜7 の整数値で，評価される．整数値 7 は新設，1 は崩壊で，ほとんどの部材の使用限界を表している．ただし，重要部材に対しては，2 が使用限界となっている．

表 6.16　橋梁の健全度の評価に用いる部材とその重み係数[8]

番号 i	部材名	重み w_i	使用限界 r_i
1	支承	6	1
2	背面壁	5	1
3	橋台	8	2
4	擁壁	5	1
5	橋梁台座	6	1
6	主部材	10	2
7	二次部材	5	1
8	高欄	1	1
9	歩道	2	1
10	床版	8	2
11	舗装	4	1
12	橋脚	8	2
13	添接	4	1
		72	

例題 6

ある自治体では，橋梁全体の健全度を，安全性，使用性，第三者影響度の 3 つの性能の総和で評価することにし，それぞれの性能に対する重みづけを 0.3，0.2，0.5 と設定した．また，健全度は，1〜5 までの 5 段階の整数値で評価することにしている．次表は，各要求性能に対する点検対象部材の内訳とその重み係数を示している．また，点検結果に基づく，健全度も示されている．この場合の橋梁の健全度を算定せよ．

第 6 章　コンクリート構造物の診断と検査技術の活用

要求性能		点検対象部材	重み係数	健全度
安全性 (0.3)	耐荷性・耐久性	橋面工	0.10	4
		上部工（主桁・横桁）	0.50	4
		下部工（橋台・橋脚）	0.30	4
		その他（支承）	0.10	3
使用性 (0.2)	走行性・機能性	橋面工	0.90	2
		その他（支承）	0.10	3
第三者影響度に関する性能 (0.5)		上部工（主桁・横桁）	0.60	3
		下部工（橋台・橋脚）	0.40	4

解答 6

　安全性，使用性，および第三者影響度ごとに式 (6.15) により健全度を求める．さらに，各要求性能に設定されている重みを考慮して，この自治体における橋梁の健全度は次式で求めることができる．

$$R = \sum_j a_j \left(\sum_{i=1}^n w_i r_i \Big/ \sum_{i=1}^n w_i \right)$$

ここに，a_j は各要求性能の重みである．

　安全性に関する健全度は 3.9，使用性に関する健全度は 2.1，第三者影響度に関する健全度は 3.4 であるから，

$$R = 0.3 \times 3.9 + 0.2 \times 2.1 + 0.5 \times 3.4 = 3.3$$

となる．

6.4 構造劣化診断における検査技術の活用

6.4.1 構造劣化診断と検査

(1) 構造性能と検査と診断

　構造物や部材の構造性能の劣化について，検査を活用した定量的な診断方法について考える．コンクリート構造物の劣化診断の基本は，構造物の予定供用期間終了時の性能が要求性能を満足しているか判定することにあることは前に述べたが，ここでの診断は，検査時点での性能の判定が主眼となる．この検査時点の評価と，材料劣化の予測などを活用しながら，予定期間終了時の性能を評価する流れとなる．

　構造性能としては，これまでに述べてきたように使用性，安全性を対象とする．それらの劣化診断を行うために必要な検査項目，方法をまとめたものを**表6.17**に示している．使用性は載荷試験などによって計測される変位・変形，振動に基づいて診断され，安全性の診断は，載荷試験によるひずみ・応力の計測，あるいは非破壊試験などによる部材の耐力の評価によって行われるのが一般的である．それぞれの具体的な方法について，以下で紹介する．

表6.17　構造性能と検査

構造性能	検査項目	評価項目	検査方法
使用性	変位・変形	たわみ，剛性	静的・動的載荷試験，たわみ計測など
	振動	固有振動数	動的載荷・振動試験，振動計測など
安全性	断面力，耐力	断面力，耐力	非破壊試験など
	ひずみ	応力	静的・動的載荷試験，応力計測

(2) 使用性の診断

　コンクリート構造物あるいは部材の使用性の診断は，変位・変形，振動などの挙動を直接計測することによって行われるのが一般的である．載荷試験や振動試験を実施して，たわみ，振動加速度などの計測が行われる．また，それらの計測

第6章　コンクリート構造物の診断と検査技術の活用

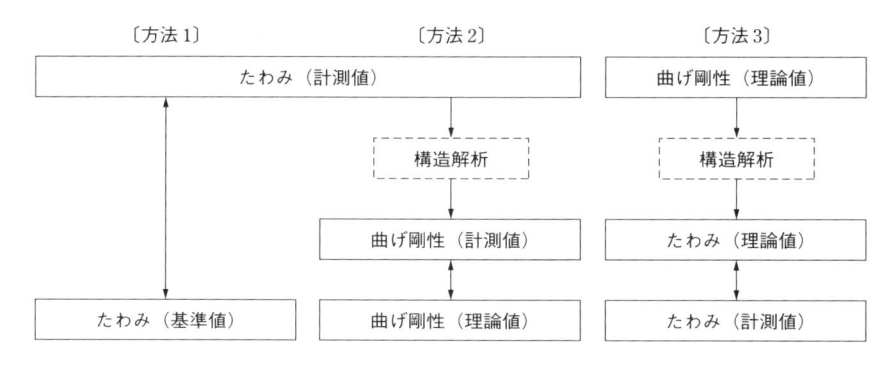

```
〔方法1〕              〔方法2〕              〔方法3〕
┌─────────────┐   ┌─────────────┐   ┌─────────────┐
│ たわみ（計測値）│   │ たわみ（計測値）│   │ 曲げ剛性（理論値）│
└─────────────┘   └─────────────┘   └─────────────┘
      ↕                   ↓                   ↓
                   ┌ ─ ─ ─ ─ ─ ─ ┐     ┌ ─ ─ ─ ─ ─ ─ ┐
                   │   構造解析   │     │   構造解析   │
                   └ ─ ─ ─ ─ ─ ─ ┘     └ ─ ─ ─ ─ ─ ─ ┘
                          ↓                   ↓
                   ┌─────────────┐   ┌─────────────┐
                   │曲げ剛性（計測値）│   │ たわみ（理論値）│
                   └─────────────┘   └─────────────┘
                          ↕                   ↕
┌─────────────┐   ┌─────────────┐   ┌─────────────┐
│ たわみ（基準値）│   │曲げ剛性（理論値）│   │ たわみ（計測値）│
└─────────────┘   └─────────────┘   └─────────────┘
```

図 6.13　たわみ・曲げ剛性に基づく使用性能の判定方法

結果から部材の剛性や構造物の固有振動数を算出し，基準類に示されている値や理論値，あるいは健全時の値や同一形式の構造物との比較によって性能が判定される．

使用性の診断は，たわみの計測値や，たわみから評価した部材の曲げ剛性 EI（E：弾性係数，I：断面二次モーメント）を用いて図 6.13 に示すような方法で行われる．方法1は，たわみの計測値が，基準類に示されているたわみの制限値よりも小さいことを確認するものである．方法2では，たわみの計測値から評価した部材の曲げ剛性と理論値との比較を行うが，たわみの計測値から曲げ剛性を評価することは困難となる場合が多い．この場合，方法3のように，曲げ剛性の理論値を用いて構造解析を行い，解析によって求められたたわみと計測値との比較を行う方法が実用的である．

たわみの基準値として，例えば，鉄道橋の場合には，列車の種類（電車，新幹線など），列車の最高速度，スパン L，橋の構造形式（単連，2連以上）によって異なるが，$L/700 \sim 2\,500$ の範囲でたわみの限度が定められている[9) 10)]．

解析に用いる曲げ剛性としては，コンクリート標準示方書［構造性能照査編］において曲げひび割れによる剛性低下を考慮した変位・変形量の検討で適用されている式（6.16）の Branson の式が一般に適用される．

① 断面剛性を曲げモーメントにより変化させる場合

$$I_e = \left[\left(\frac{M_{cr}}{M_a}\right)^4 I_g + \left\{1-\left(\frac{M_{cr}}{M_a}\right)^4\right\} I_{cr}\right] \tag{6.16}$$

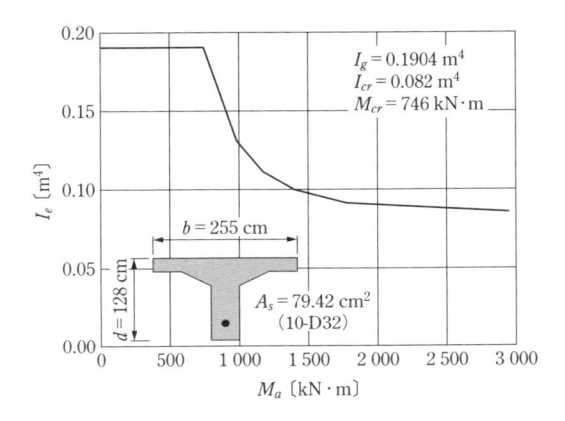

図 6.14　最大曲げモーメントと換算断面（二次モーメントの関係の例）

② 断面剛性を部材全長にわたって一定とする場合

$$I_e = \left[\left(\frac{M_{cr}}{M_{a\max}}\right)^3 I_g + \left\{1-\left(\frac{M_{cr}}{M_{a\max}}\right)^3\right\} I_{cr}\right] \tag{6.17}$$

ここに，I_e：換算断面二次モーメント，M_{cr}：断面に曲げひび割れが発生する限界の曲げモーメント，M_a：曲げモーメント，$M_{a\max}$：曲げモーメントの最大値，I_g：全断面の断面二次モーメント，I_{cr}：引張応力を受けるコンクリートを除いた断面二次モーメントである．

実際の鉄筋コンクリート道路橋の主桁を例にして，断面剛性を部材全長にわたって一定として評価した $M_{a\max}$ と I_e の関係を図 **6.14** に示している．ひび割れ発生モーメントを超えると換算断面二次モーメントは I_g の約 45％まで低下する．

構造解析としては，はり部材であれば各断面の曲率（M/EI，M：曲げモーメント，E：弾性係数，I：断面二次モーメント）を部材軸に沿って数値積分する方法や，例えば道路橋の設計で用いられているような格子桁理論を用いた解析方法，構造物全体をモデル化して解析を行う FEM（Finite Element Method）などがある．

（3）**安全性の診断**

安全性の診断は，一般的に，部材に作用する曲げモーメントなどの断面力に対して，破壊しないことを照査することによって行われる．図 **6.15** に示す方法 1 や

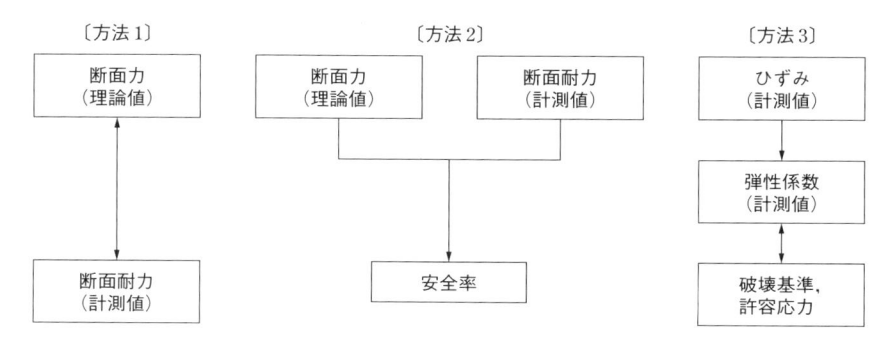

第6章 コンクリート構造物の診断と検査技術の活用

図6.15 安全性の判定方法

〔方法1〕断面力（理論値）↔ 断面耐力（計測値）

〔方法2〕断面力（理論値）＋断面耐力（計測値）→ 安全率

〔方法3〕ひずみ（計測値）→ 弾性係数（計測値）→ 破壊基準，許容応力

方法2では，部材に作用する断面力と，コンクリート標準示方書［構造性能照査編］に示されている算定方法で求めた耐力との比較，あるいは両者を用いて評価した安全率によって性能の判定が行われる．方法3では，載荷試験などで計測した応力と，コンクリートや鉄筋の許容応力との比較で判定を行うこともできる．いずれの方法の場合も，ひずみから応力を評価する際に必要なコンクリートの弾性係数や，耐力を評価するときに必要なコンクリート強度，鋼材断面積，配筋などに関する詳細な調査が必要となる．換言すれば，安全性の判定では，断面力（荷重）と耐力の両者を把握することが必要となる．

道路橋の主桁を例にすると，式（6.18）に示す安全率を用いて曲げ破壊に着目した判定を行うことができる．

$$\gamma_a = \frac{\gamma_d \cdot M_d + \gamma_l \cdot M_l}{M_r} \tag{6.18}$$

ここに，γ_d：死荷重に対する係数，γ_l：活荷重に対する係数，γ_a：安全率，M_d：死荷重による曲げモーメント〔N·m〕，M_l：活荷重による曲げモーメント〔N·m〕，M_r：曲げ破壊抵抗モーメント〔N·m〕である．

単鉄筋矩形断面の場合の曲げ破壊抵抗モーメントは式（6.19）で評価することができる．

$$M_r = A_s \cdot f_{sy} \cdot \left(d - \frac{0.4 A_s \cdot f_{sy}}{0.68 \cdot f_{cd}' \cdot b} \right) \tag{6.19}$$

上式で，A_s：引張鋼材量〔mm²〕，f_{sy}：鋼材の降伏点強度〔N/mm²〕，f_{cd}'：コ

ンクリートの設計圧縮強度〔N/mm²〕,b:有効幅〔mm〕,d:有効高さ〔mm〕である.

腐食による鋼材の断面欠損,浮きや剥離によるコンクリートの断面欠損がある場合は,A_s や b,d の値を低減させて耐力算定に反映させる必要がある.

6.4.2 構造劣化診断のための検査

(1) 変位・変形の計測と剛性の評価

鉄筋コンクリート構造物は,脆性的なせん断破壊を避けるために,通常,曲げ破壊が先行するように設計されている.このため,変位・変形については,曲げ変形に対するたわみの計測が行われるのが一般的である.構造物のたわみの計測は,静的・動的載荷試験を行って,構造物に設置した変位計や傾斜計などの計測器を用いて行われる.または,構造物に設置した加速度計や速度計や,近年では,図 **6.16** に示すレーザを利用した非接触式の振動速度計で振動加速度・振動速度の計測を行い,加速度・速度時刻歴を時間で積分して変位に変換して評価している例もある.

図 6.16 レーザを用いたたわみの測定

(2) 振動の計測と固有振動数の評価

構造物あるいは部材の振動は,道路橋上部構造であれば自動車の乗り心地といったような機能の直接的な指標となる他,固有振動数は部材の剛性と密接に関係することから力学的な特性の指標にもなる.このことから,動的載荷試験や振動試験で振動の計測を行って,構造性能の診断を行うことができる.道路橋上部構

造（主桁や床版）では，動的・振動試験ではなく，自動走行によって励起される自由振動を利用して振動の計測が行われる場合もある．

振動の計測方法としては，構造物に設置した加速度計・速度計を用いた振動加速度・速度の計測が一般的である．計測した振動加速度・速度から固有振動数を評価する方法としては，ピーク法，ゼロ・クロッシング法，高速フーリエ変換（FFT）が代表的なものであるが，FFTを用いた方法が比較的簡便である．

前項（1）の剛性と固有振動数は1対1の関係があるが，計測した剛性から固有振動数を評価する，あるいは固有振動数から剛性を評価するには，構造物全体系の構造解析を必要とする場合が多く，一般的には煩雑となる．このことから，固有振動数に基づく診断では，健全時の値や同一形式との構造物との比較で直接的に判定される場合が多い．また，固有振動数の継続な計測による構造性能の変化のモニタリング（監視）に適用される例が増えている．

（3）ひずみの計測と応力の評価

鉄筋コンクリート部材のひずみは，コンクリートや鉄筋の許容応力，あるいは破壊に関する基準値との比較や，健全時・同一形式構造物の値との比較による安全性の診断に適用される．また，応力頻度（ある期間でどの応力が何回作用するか）の計測によって疲労破壊に対する安全性の診断にも適用される．

ひずみの計測は，圧縮であれば圧縮側のコンクリート，引張りであれば引張側の鉄筋にひずみゲージを貼付けることで計測される．しかし，既設構造物で鉄筋のひずみの計測を行うには，かぶりコンクリートをはつって鉄筋を露出させる必

図6.17　光ファイバを用いたひずみの測定

要があることから，近年では，図 **6.17** に示すように，評点距離の長い光ファイバを用いて引張側のコンクリート表面でひずみを計測する例も増えている．曲げを受ける鉄筋コンクリートはり部材のように，ひび割れが発生する場合の部材のひずみは，ひび割れ近傍とひび割れ間で異なることから，コンクリート表面で引張ひずみの計測を行うには，ひび割れ間隔の数倍の評点距離を持つセンサが適用される．

演習問題

① 次の文章の空欄に入る適切な言葉を下欄から選べ．下欄の言葉を重複して使用してもよい．

1) （　　　）支承の場合には，伸縮装置からの排水不良や側面からの雨水の浸入により，（　　　）が生じ，本来の支承機能が低下することがある．このような状態になると，コンクリート構造物に設計上考慮していない荷重が作用することになり，（　　　）などの変状を生じることがある．

2) 劣化した鉄筋コンクリート（RC）構造物の曲げ剛性の低下を把握する方法として，振動特性を調べる方法がある．曲げ剛性が低下すると，（　　　）は小さくなり，（　　　）は大きくなる傾向が見られる．

3) RC 床版の疲労破壊は，大型車交通量の多い路線や，床版厚が（　　　），支間長が（　　　）床版ほど発生しやすい．

4) RC 床版の疲労による破壊形態としては，（　　　）破壊によるものが多い．

5) 使用性を診断するために実際の橋梁に試験車両を走行させて（　　　）や（　　　）を測定することが行われる．計測結果から（　　　）を推定することができる．

> たわみ，ゴム，鋼製，固定，可動，ひび割れ，大変形，腐食，固有振動数，最大振幅，厚く，薄く，曲げ，押抜きせん断，ねじり，長い，短い，たわみ，ひずみ，曲げ剛性，断面二次モーメント，応力

② 以下の図は，道路橋 RC 床版に観察されるひび割れの例を示している．このようなひび割れに対して，一般にどのような評価がなされるか答えよ．

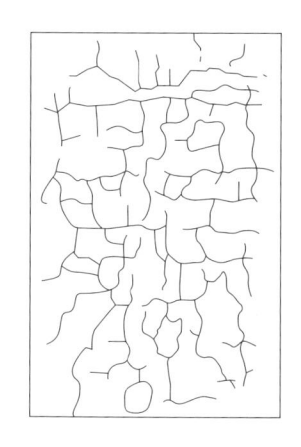

③ 建設後20年経過した鉄筋コンクリート（RC）橋を調査した．

建設当初は，主筋に作用する最大応力度は120 N/mm²で，1年間に5万回作用していた．しかし，建設後15年経過した時点で，最大応力度が136 N/mm²に増加したことがわかった．

このRC橋の疲労に対する余寿命を推定せよ．

ただし，鉄筋の引張強度は400 N/mm²とし，最大応力比 S_{max}〔%〕と鉄筋の疲労破断までの繰返し回数の関係は，下図のとおりである．なお，最大応力度 S_{max}〔%〕=鉄筋の最大応力度／鉄筋の静的強度×100で表される．

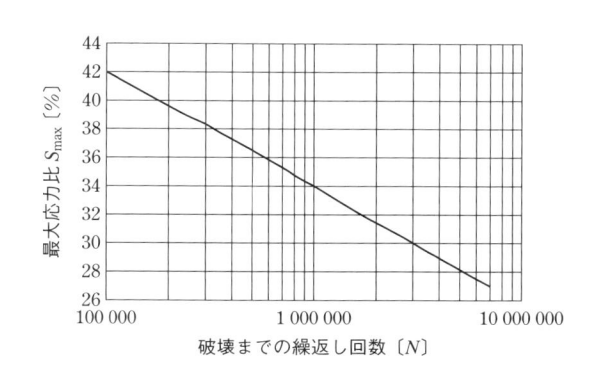

6.4 構造劣化診断における検査技術の活用

[参考図書]
1) 2001年制定コンクリート標準示方書［維持管理編］，土木学会，2001
2) コンクリート標準示方書［維持管理編］に準拠した維持管理マニュアル（その1）および関連資料，コンクリート技術シリーズ57，土木学会，2003
3) コンクリートの塩化物イオン拡散係数試験方法の制定と規準化が望まれる試験方法の動向，コンクリート技術シリーズ55，土木学会，2003
4) 2002年制定コンクリート標準示方書［施工編］，土木学会，2002

[参考文献]
1) 魚本健人：コンクリート診断学入門，朝倉書店，2004
2) 小牟禮建一，濱田秀則，横田弘，山路徹：RC桟橋上部工の塩害による劣化進行モデルの開発，コンクリート工学論文集，Vol.15，No.1，pp.13-22，2004
3) 2002年制定コンクリート標準示方書［構造性能照査編］，土木学会，2002
4) Vecchio, F. J. and Collins, M.P.：The Modified Compression Field Theory for Reinforced Concrete Elements Subjected to Shear, ACI Journal, Vol.83, No.2, pp.219-231, March/April, 1986
5) 出雲淳一：ひび割れたコンクリートの定量的評価手法の開発と構造物への適用，セメント・コンクリート論文集，No.61，pp.609-616，2007
6) 高木秀貴：道路橋の鉄筋コンクリート橋版に関する調査研究および補修補強について，土木試験所月報，No.275，1976
7) 松井繁之，前田幸雄；道路橋RC床版の劣化度判定法の一提案，土木学会論文集，No.374，Ⅰ-6，pp.419-426，1986
8) 貝戸清之；ニューヨーク市における橋梁維持管理マネジメントの現状，橋梁と基礎，Vol.34，No.10，pp.37-41，2002
9) 鉄道総合技術研究所：鉄道構造物等設計標準・同解説 コンクリート構造物，1992
10) 鉄道総合技術研究所：鉄道構造物等設計標準・同解説 鋼・合成構造物，1992

CHAPTER 7
補修工法概論

第 7 章 補修工法概論

7.1 概　　論

　コンクリート構造物の劣化が顕在化した場合や定期点検によって近い将来劣化が予想される場合など，構造物の性能低下により対策の必要があると判定された場合には，残存供用期間や維持管理の容易さなどを考慮して適切に対応する必要がある．対策としては，点検強化，補修，補強，修景，使用性回復，機能性向上，供用制限，解体・撤去があるが，ライフサイクルコストなどを考慮したうえで総合的に判断して対策を講じる必要がある．

　この対策の中で補修，補強は，一般的な対策であるが，対策の設計・施工計画に際しては，目標とする性能の水準を図 7.1 に示すような分類の中から選び，表 7.1 に示す構造物の基本性能に応じて適切に対策を講じることが求められている．

　本章では，対策工法の中から補修を取り上げるが，補修は，ひび割れやはく落といったコンクリート構造物に発生した損傷の修復，塩化物イオンの侵入や中性

（a）建設時と現状の中間水準の性能の回復　　（b）建設時の性能の回復　　（c）建設時の性能より向上

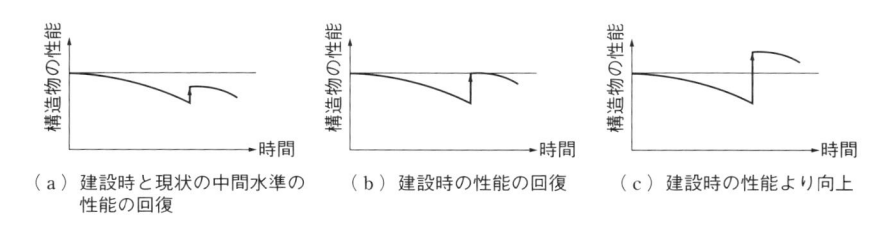

図 7.1　目標とする性能水準の分類

表 7.1　構造物の性能と対策後に目標とする性能のレベルに応じた対策の種類[1]

構造物の性能	目標とする性能のレベルと対策の種類		
	①建設時の現状の中間の性能もしくは現状の性能	②建設時の性能	③建設時よりも高い性能
安全性	点検強化，補修，供用制限	補修	補強
使用性	点検強化，補修，供用制限	補修	機能向上，補強
第三者影響度	点検強化，補修，供用制限	補修	—
美観・景観	点検強化，補修	補修	補修
耐久性	点検強化，補修，供用制限	補修	補修

7.1 概論

化によって劣化因子を取り込んでしまったコンクリートの除去，および有害物質の再侵入防止のための表面被覆などによって構成される．最近では非常に多くの種類の材料や工法の開発が進んでいることから，劣化機構と性能低下の程度に十分に配慮したうえで適切なものを選定する必要がある．**表7.2**に劣化機構と補修計画の概要を示す．

本章では，この補修対策の中から表面処理工法，ひび割れ注入工法，断面修復工法，表面被覆工法について詳細に説明することとする．

表7.2 劣化機構と補修計画

劣化機構	補修方針	補修工の構成	補修水準を満たすために考慮すべき要因
①中性化	・中性化したコンクリートの除去 ・補修後のCO_2，水分の侵入抑制	・断面修復工 ・表面処理 ・再アルカリ化	・中性化部除去の程度 ・鉄筋の防錆処理 ・断面修復材の材質 ・表面処理の材質と厚さ ・コンクリートのアルカリ性のレベル
②塩害	・侵入したCl^-の除去 ・補修後のCl^-，水分，酸素の侵入抑制	・断面修復工 ・表面処理 ・脱塩	・侵入部除去の程度 ・鉄筋の防錆処理 ・断面修復材の材質 ・表面処理の材質と厚さ ・Cl^-量の除去程度
	・鉄筋の電位制御	・陽極材料 ・電源装置	・陽極材の品質 ・分極量
③凍害	・劣化したコンクリートの除去 ・補修後の水分浸入抑制 ・コンクリートの凍結融解抵抗性の向上	・断面修復工 ・ひび割れ注入工 ・表面処理	・断面修復材の凍結融解抵抗性 ・ひび割れ注入材の材質と施工法 ・表面処理の材質と厚さ
④化学的侵食	・劣化したコンクリートの除去 ・有害化学物質の浸入抑制	・断面修復工 ・表面処理	・断面修復工の材質 ・表面処理の材質と施工法 ・表面処理の材質と厚さ
⑤アルカリ骨材反応	・水分供給抑制 ・内部水分の散逸促進 ・アルカリ供給抑制	・ひび割れ注入工 ・表面処理	・ひび割れ注入材の材質と施工法 ・表面処理の材質と厚さ
⑥疲労 道路橋RC床版	・軽微な場合にはひび割れ進展の抑制（大半は補強に該当する）		

7.2 表面処理工法

7.2.1 概　要

　コンクリートは耐久性に優れた材料として各種環境下に施工・設置されている．コンクリート構造物が設置されている各種の環境下には塩化物イオン，二酸化炭素，酸性雨などの劣化因子が存在し，これらの劣化因子はコンクリートの表面から浸透して鉄筋の腐食や炭酸化などを引き起こし，劣化が徐々に進行する．コンクリート構造物の耐久性を確保するためには劣化したコンクリートを除去し，新しい材料を打ち継ぐ工法が行われている．劣化したコンクリートを除去する方法を表面処理工法という．

　表面処理工法にはウォータージェット（WJ）工法，サンドブラスト，ショットブラスト工法，ハンドブレーカー工法などが挙げられる．サンドブラストは砂を，ショットブラストは鋼球をそれぞれコンクリート表面に打ちつけて表面を処理する方法であるが，主にコンクリート床版の表面処理に使用されている．劣化したコンクリートを除去することをはつり工法といっているが，このはつり工法にはウォータージェット工法，ハンドブレーカー工法が多く用いられている．ハンドブレーカー工法ははつり工法として多用されているが，騒音の発生やはつりに時間と労力を要する．また，健全なコンクリートにマイクロクラックを発生させるなどの問題がある．ハンドブレーカー工法が使用されるのは，コンクリート構造物の浮きやはく離などの損傷が軽微でしかも局所的な場合に限定されることが多い．

7.2.2　ウォータージェット工法

　ウォータージェット工法は 100〜200 MPa の高水圧水をコンクリート表面に噴射し劣化部分をはつる工法である．図 **7.2** は回転式ノズルを用いたウォータージェット装置を示している．また，この試験装置で表面処理したコンクリートの表面形状を図 **7.3** に示す．写真からも明らかなように高水圧の水を回転しながらコンクリート表面に噴射することでむらのないはつりができ，粗骨材も浮きがな

7.2 表面処理工法

図 7.2 回転式ノズル WJ　　　　図 7.3 表面処理後

いことがわかる．ウォータージェット工法の優れた特徴は，
① 健全なコンクリートにマイクロクラックを発生させない．
② 騒音，振動の発生が少ない．
③ 表面処理深さはウォータージェットの水圧，水の流量，トラバース速度などによって容易に得ることができる．
④ 鉄筋を損傷させない．
⑤ 打継材料と表面処理コンクリートとの付着強度が大きい．
⑥ はつりロボットを使用することによって施工能率を高めることができる．
⑦ 鉄筋背面のコンクリートをはつることが可能．
⑧ はつり面の粗骨材の緩みが少ない．

ことが挙げられる．

以上のようにウォータージェット工法はコンクリートのはつり工法において多くの優れた特徴を有していることから，今後ますます利用が拡大されるものと考えられる．本節ではコンクリートの表面処理工法としてウォータージェット工法について言及する．

（1）ウォータージェット工法の施工

劣化したコンクリートのはつり工法の施工フローを図 **7.4** に示す．まず，対象とする劣化構造物の調査を行うが，調査項目としては目視調査，打音調査，コンクリートの中性化深さ，塩化物イオン量，ひび割れ深さ，圧縮強度，静弾性係数などが挙げられる．劣化したコンクリートを能率よく完全に除去するためには，コア供試体で得られた圧縮強度と同程度のコンクリート平板供試体を作製し，試験はつりを行ってウォータージェットのノズル径，水圧，噴霧水量，スタンドオ

第7章　補修工法概論

```
┌──────────────┐   ┌目視調査，打音調査，中性化深さ，塩化物量，┐
│  構造物調査  │   │ひび割れ深さ，圧縮強度，静弾性係数など      │
└──────┬───────┘   └                                              ┘
┌──────┴───────┐   〔ノズル径，スタンドオフ距離，流量，パス回数など〕
│試験施工（はつり）│
└──────┬───────┘
┌──────┴───────┐   〔はつりロボット，ハンドガン工法〕
│  はつり処理  │
└──────┬───────┘
┌──────┴───────┐
│ はつり面の洗浄 │
└──────┬───────┘
┌──────┴───────┐
│ 欠損鉄筋の補充 │
└──────┬───────┘
┌──────┴───────┐
│   鉄筋防錆   │
└──────┬───────┘
┌──────┴───────┐
│   断面修復   │
└──────────────┘
```

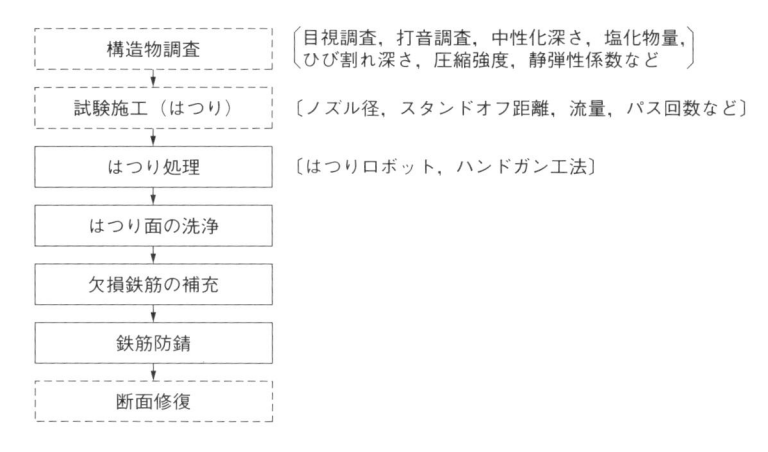

図 7.4　WJ 工法を用いた劣化コンクリート除去の施工フロー

フ距離，トラバース速度およびパス数を決定する．試験はつりの結果を参考にコンクリート構造物のはつり処理を行うが，ウォータージェット工法には，はつりロボットまたはハンドガンを用いる．劣化が広範囲に及んでいる場合，あるいは塩分浸透や炭酸化が深い場合には大規模にはつる必要があり，はつりロボットを用いたほうが施工能率はよい．これに対し，ハンドガンを用いる場合には，施工規模が小さい場合やはつりロボットで施工する場合にはつり残した部分の除去などに使用されることが多い．

　ウォータージェット工法は高水圧を使用するので経験豊富なオペレーターと性能試験に合格した機械を使用して施工することが必要である．はつり後のコンクリート表面にははつり屑が残っているのではつり面の洗浄を行う．ウォータージェット工法によるはつりで露出した鉄筋の錆びは，高水圧によりほとんど除去されているが，そのまま放置すると赤錆が生じるのではつり，洗浄後は鉄筋の防錆を速やかに行うことが必要である．

（2）　ウォータージェット工法の表面処理仕様

　ウォータージェット工法による表面処理仕様の一例を表 7.3 に示す．

（a）　ノズルの種類

　一般には回転揺動式ノズルと回転ノズル式が用いられている．回転揺動式は小口径のノズルを多数使用し，5～10 mm の幅で回転揺動する方式である．小口

表 7.3 WJ 工法の表面処理の仕様

ノズルの種類	水圧〔MPa〕	流量〔l/min〕	パス数
回転揺動	150	5.2	1
回転（高圧）1本ノズル	100	9.6	2
	150	11.8	1
	200	13.6	1
回転（低圧）4本ノズル	70	77.0	—

径のノズルを使用するためスタンドオフ距離の増加に伴って圧力低下が大きくなるので，スタンドオフ距離を小さくする必要がある．施工の安全性を考慮してハンドガン方式に用いられている．回転ノズル式は数本のノズルを旋回させる方式であるが回転揺動式ノズル方式に比較してはつり能力は高い．

（b） 水　圧

　水圧が高くなるほどはつり深さは大きくなるが，必要以上の水圧にするとはつり過ぎやはつり深さにむらが生じる可能性がある．一般には 70〜200 MPa を用いるが，表面処理するコンクリートの強度を目安にし，試験施工（試験はつり）を行って決定する．

（c） 噴射水量

　水量は水圧とノズル径，本数によって異なるが，回転揺動式はノズル径が小さいため流量も少ない．これに対し，回転ノズル式は水圧が大きくなると，またノズル本数が多くなると流量も多くなる．濁水処理を考慮するとはつり能力に合わせて流量はできるだけ少なくするほうがよい．

（d） ノズル移動速度

　ノズル移動速度ははつり面の粗度に関係する．一般に水圧を高くし，ノズルの移動速度を早くするとはつり面積は大きくなるが，はつり面にむらが生じる可能性がある．ノズル移動速度は試験施工によってはつり面の状態を確認しながら決定する．

（e） スタンドオフ距離

　スタンドオフ距離とはノズル先端からコンクリート表面処理面までの距離を表す．スタンドオフ距離を短くするとはつり能力は大きくなり，逆にスタンドオフ

距離を長くするとはつり能力は低下する．一般にスタンドオフ距離は20～100 mm程度であるが，はつり深さなどを考慮して試験施工によって決定する．

（f） パス回数

パス回数とはコンクリートのはつり面をノズルが移動する回数のことである．表面処理するコンクリートの圧縮強度によってはつり深さが異なるので，所定の深さにはつるには試験施工によってパス回数を決定する必要がある．

（3） はつりガラ，汚濁水の処理

ウォータージェット工法によってコンクリート表面をはつる場合には，高圧水を使用するため，安全を考慮して構造物の側面と底面部にシートを覆うことが必要となってくる．また，多量のコンクリートはつりガラとアルカリ性の高い濁水が発生する．コンクリートはつりガラは産業廃棄物として処理することが必要である．また，濁水に対してはpH10～12程度の強アルカリ水なので中和処理と懸濁物処理を行うことが必要である．

（4） はつり深さ

はつり深さの決定はRC構造物の場合，塩化物イオン量および中性化深さが鉄筋位置まで及んでいるか否かによって決定される．構造物の断面が厚い場合には鉄筋の裏側まではつり，薄い場合には鉄筋付近まではつる．旧コンクリートの処理深さ（はつり深さ）と付着強度の関係を示したのが図7.5である．この図では付着強度を曲げ強度比で表しているが曲げ強度比が80％以上あれば付着は良好とみなされる[1]．全体的には処理深さが深くなると曲げ強度比が大きくなるが，

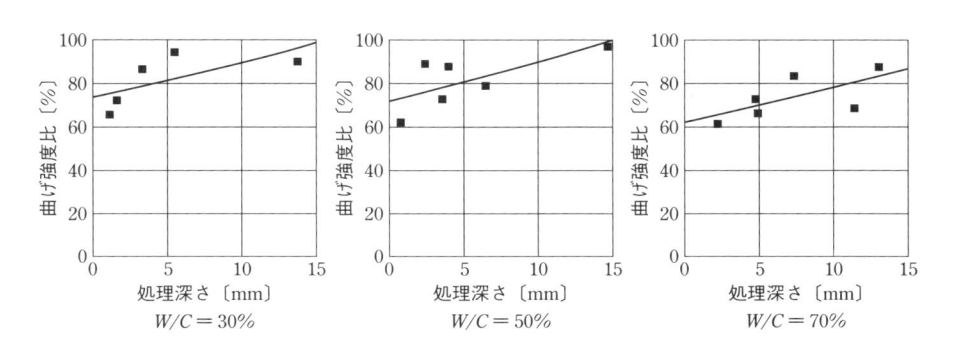

図7.5 処理深さと曲げ強度比の関係

処理深さが 5 mm 程度で十分な付着強度が得られる．また，はつり後の旧コンクリートの表面の形状は，粗骨材露出度がその粗骨材体積の 1/3～1/5 程度であれば粗骨材の緩みもなく打継材料との付着は十分に得られるものと考えられる．

（5） はつり深さの測定

コンクリート表面のはつり後，所定の深さにはつられていることを確認するためにはつり深さを測定する必要がある．はつり深さを測定する方法としてスケールやレーザ変位計を用いる方式がある．広範囲の面積を測定するにはレーザ変位計が使用されている．

（6） 断面修復後の養生方法

断面修復後の養生方法によって旧コンクリートと断面修復材料との付着強度に影響を及ぼす．断面修復材料がセメント系であれば水和に必要な水分の供給が必

（a） 普通コンクリート

（b） 高流動コンクリート

（c） 無収縮モルタル

（d） 超速硬コンクリート

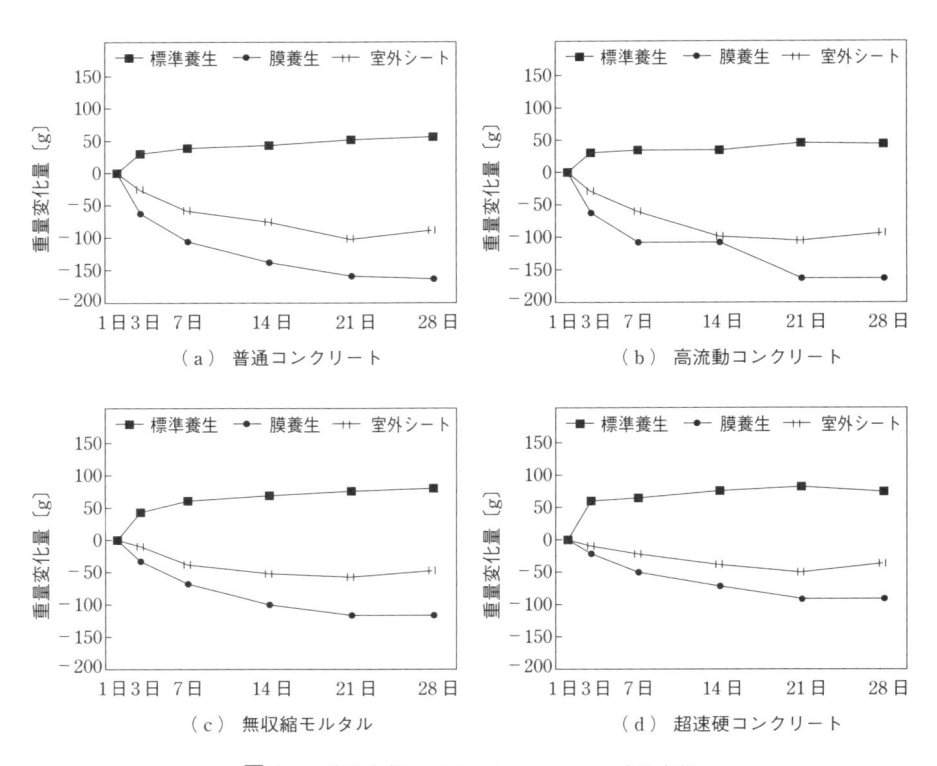

図 7.6　養生条件によるコンクリートの重量変化

要となるが,橋梁の床版,梁など水分の供給が容易でないところも多い.図 **7.6** はセメント系の修復材料を使用した場合のシート養生の効果を示している[3].室外でシート養生した場合,完全に脱水を防ぐことはできないがシート養生によって脱水を減少させることが可能である.

(7) 旧コンクリートと断面修復材との付着強度

旧コンクリートと断面修復材料との良好な付着を確認する方法として定められた規格は存在しないが,現場においては建研式の引張試験やコアを採取して一軸引張強度を求める方法がある.これらの試験方法から得られた付着強度は,1.5 N/mm^2 以上あれば付着は良好とされている.

7.3 断面修復工法

7.3.1 概　要

　断面修復工法は，コンクリート構造物に劣化や損傷，施工不良などが生じた場合，対象となる欠陥部位を取り除き，断面修復材料によって断面寸法および初期の性能を復元させる工法である．断面修復工法が適用される多くは，劣化環境におかれたコンクリート構造物の劣化因子の侵入あるいは劣化外力によって生じるコンクリート自体の劣化損傷や部材内部の鋼材腐食の進行によって損傷が顕著になるような場合である．

　断面修復工法を適用する外観上の劣化損傷状態は，劣化機構ごとに示される劣化過程のうち加速期，劣化期と評価されるような錆汁，腐食ひび割れ，はく離，はく落の発生や鋼材腐食量の増大などが目安となる．

　近年では，コンクリート構造物の耐久性評価の蓄積によって劣化の進行予測方法が提案されている劣化機構もある．また，コンクリートの品質に関する診断技術の向上や非破壊診断による鉄筋腐食の評価が可能になっていることによって，外観上の劣化損傷が現れない潜伏期や進展期でも断面修復工法を適用することが供用期間の耐久性を確保するために有効な対策となる場合がある．

7.3.2　断面修復工法に求められる性能

　断面修復工法には，劣化損傷したコンクリート構造物の性能を初期性能に戻すことが求められる．そのため，コンクリート構造物に求められるコンクリートの力学的な特性値（圧縮強度，曲げ強さ，弾性係数など）を満足することが必要である．また，断面修復工法は，構造物のコンクリートの一部を新たな材料で置き換えることになるため，既設のコンクリートと確実に一体化し，ひび割れやはく落等を生じることがないように求められる性能（付着性，硬化収縮性，熱膨張性）もある．さらに，断面修復工法を適用する原因となった劣化環境への対応として，構造物の耐久性に関わる特性値（中性化抵抗性，塩化物浸透性，耐硫酸性，透水性など）も必要となる．また，施工条件に適合した施工性（流動性，厚塗り性，

表 7.4 断面修復工法の代表的な要求性能の例

項目	要求性能
力学的特性	圧縮強度，曲げ強さ，弾性係数
一体化を確保するための性能	付着性，硬化収縮性（長さ変化），熱膨張性，発熱特性
耐久性	中性化抵抗性，塩化物浸透性，耐凍害性，耐硫酸性，透水性
施工性	流動性，自己充填性，厚塗り性（粘性，密度，硬化時間），ブリーディング，硬化時間

ブリーディング，硬化時間など）も重要な要求性能である．

このように，断面修復工法の代表的な要求性能の例を**表 7.4** に示す．

7.3.3 断面修復工法の種類

断面修復工法は，施工方法の違いによって左官工法，吹付け工法，充填工法に分類される．左官工法は，コテを用いて断面修復材料を押さえつけて断面を修復する方法であり，規模の小さい補修に向いている．

吹付け工法は，**図 7.7** に示すように，断面修復材料を圧縮空気で補修対象に吹き付けて断面を修復する方法であり，比較的規模の大きい構造物下面や側面への補修に向いた工法である．

充填工法は，**図 7.8** に示すように，型枠を設置して型枠内部に断面修復材料をポンプ等によって充填する方法であり，規模の大きい構造物下面の補修に適している．

表 7.5 に断面修復工法の施工方法の特徴を示す．ここに示すように，施工規模や施工範囲，施工方法などの差異によって適合する工法を選定することが望まれる．

図 7.7 吹付け工法による施工状況

7.3 断面修復工法

(a) 注入工法　　　　　(b) 打継ぎコンクリート工法

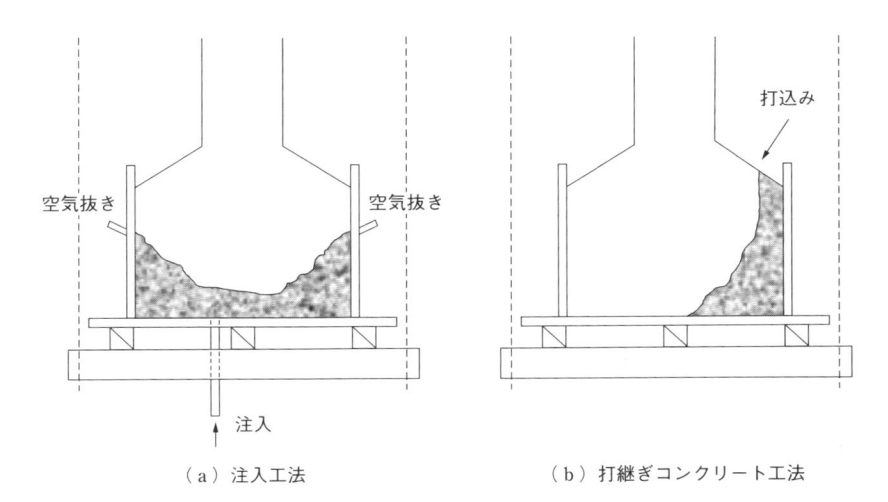

図 7.8　充填工法のシステムの例[4]

表 7.5　断面修復工法の特徴[4]

	施工方法	左官工法	吹付け工法（乾式，湿式）	充填工法
特徴	型枠設置	不要	不要	必要
	施工規模と施工面	小規模または複雑な断面形状の施工が可能	中～大規模な施工に適する．特に断面形状には左右されない	大規模な施工が可能（型枠設置可能で断面厚さや面積が大きい場合に効果あり）
	施工範囲	作業者の行動範囲	圧送距離	ポンプ圧送および運搬距離
	締固め	人力による	圧縮空気による吹付け力（機械的）による	振動機が標準．高流動材料では自己充填性能による
	充填性の確保	施工者の熟練度および鉄筋配筋の狭隘程度が重要	吹付けモルタル量，圧縮空気の圧力および流量，吹付けノズルマンの熟練度，鉄筋配筋の狭隘程度が重要	空気抜き装置の配置，鉄筋配筋の狭隘程度，圧入方法などの施工手順が重要
	材料の特徴	材料の流動性が低く，粘調性がある．薄塗りは軽量モルタルが多い	材料の流動性は低い．湿式は粘調性があり，乾式は超速硬性を呈す	材料は流動性がある
	最小施工厚み	5 mm 以上	10 mm 以上	10 mm 以上

7.3.4 断面修復工法の材料種別

（1） セメントモルタル

　セメントモルタルは，セメント，細骨材，水を主な構成材料としており，左官工法，吹付け工法，充填工法のいずれの施工方法にも適用可能な材料である．一般に，施工性や品質の安定性を確保するために，プレミックス材料となっている場合が多い．

　プレミックス材として市販されるセメントモルタルは，施工性の観点から化学混和剤や硬化促進剤の添加や，収縮性の改善としての膨張材の添加，はく落防止として短繊維の混入や鋼材の防錆効果を高める目的で防錆剤の添加など所要の性能を確保するために多様な混和材料が添加されている．

　また，急硬性を有するセメントの使用や急硬材料を添加することによって，吹付け施工に対応するセメントモルタルも適用されている．充填工法に適用されるセメントモルタルには，上記の性能以外に型枠内に自己充填性を持たせるために高い流動性を有する材料や施工時間の制約から凝結時間の短い材料もある．このように施工方法や要求性能，実施工程などに応じた施工性を有する材料を選択することが求められる．

（2） ポリマーセメントモルタル

　ポリマーセメントモルタルは，前述したようなセメントモルタルにポリマーを混入したもので，ワーカビリティーが良好で高い強度発現と乾燥収縮の軽減に寄与するとされ，適度な空気連行性によって凍結融解抵抗性の改善効果を持っている．また，ブリーディングが生じにくいなど材料分離抵抗性が高く，既設コンクリートとの接着性が高いなどの性質を持つことから断面修復工法に適した材料となっている．

　市販されるポリマーセメントには，混入されるポリマーの種別からエマルジョン（乳濁液）タイプと再乳化形粉末樹脂に分類される．エマルジョンタイプは，セメントモルタルのプレミックス材に専用の乳濁液状のポリマーを添加し練り混ぜて製造されるタイプのものである．再乳化形粉末樹脂は，セメントモルタルのプレミックス材に粉末ポリマーがすでに混入されたタイプであり，プレミックス材に水を加えて練り混ぜることで製造されるなど，施工性を考慮して選択が可能

7.3 断面修復工法

である．また，軽量骨材を使用した厚付けに向く材料や吹付け施工に適した材料，高強度や高い弾性係数を有する材料など多様な性能を持った材料が流通しており，施工方法や要求性能に応じて選定することが可能となっている．

（3） ポリマーモルタル

ポリマーモルタルは，ポリマーを結合材として骨材等を混合した，セメント系の材料を使用しない材料であり，他の材料と同様にプレミックス材として市販されている．ポリマーモルタルは，圧縮強度，接着性，防錆性などが高く，使用するポリマー樹脂の硬化特性から，実用可能な強度に達する時間がセメント系材料に比べて飛躍的に短い．ただし，温度依存性があり，低温時の硬化時間が長くなることや，狭い作業環境では，硬化過程に樹脂から発する臭気の排除に注意が必要である．

```
    ┌─────────────────┐
    │ 鋼材位置の塩化物 │── 鋼材腐食発生限界塩化物イオン量(1.2 kg/m³)以下 ──┐
    │    イオン量     │                                                  │
    └────────┬────────┘                                                  │
             │ 鋼材腐食発生限界塩化物イオン量(1.2 kg/m³)以上              │
    ┌────────┴────────┐                                                  │
    │ ひび割れ，錆汁，│── 発生なし ──────────────────────────┐           │
    │ はく離，はく落等 │                                      │           │
    └────────┬────────┘                                      │           │
             │ 発生あり                                        │           │
    ┌────────┴────────┐                                      │           │
    │  変位・たわみ増大 │── なし ──┐                          │           │
    └────────┬────────┘           │                          │           │
             │ あり                │                          │           │
```

劣化過程	劣化期	加速期	進展期	潜伏期
断面修復工法の適用	補強を伴う基本的な対策として有効	基本的な対策として有効	対策の一つとして有効	予防的な対策の一つとして有効
劣化部位の除去範囲	・劣化因子を含むかぶりコンクリート ・鉄筋腐食生成物 ・劣化因子を含む鉄筋背面コンクリート	・劣化因子を含むかぶりコンクリート ・鉄筋腐食生成物 ・劣化因子を含む鉄筋背面コンクリート	・劣化因子を含むかぶりコンクリート ・鉄筋腐食生成物	・劣化因子を含むかぶりコンクリート

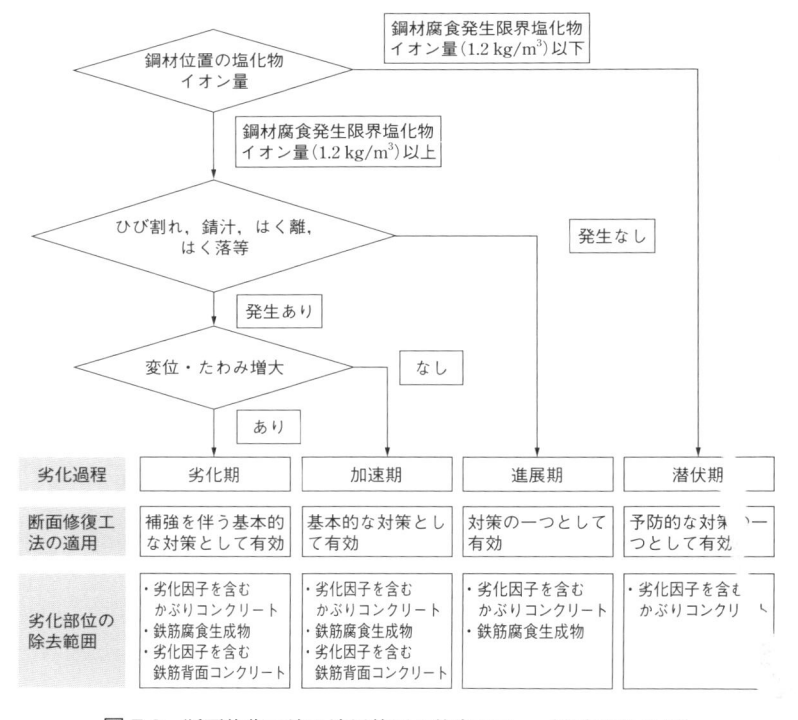

図7.9 断面修復工法の適用範囲の特定フロー（塩害劣化の例）

7.3.5 断面修復工法の選定方法

塩害を例に，劣化の進行状況に応じた断面修復工法の適用範囲のフローを図 7.9 に示す．ここに示すように，劣化の進行状況に応じて劣化過程を判断し，求められる補修効果に応じて適用範囲を定めることとなる．また，ここで示した適用範囲を特定するフローは，その他の劣化機構についても同様に示すことができる．

次に，劣化部位の除去範囲が確定すると，**表 7.6** に示すように対象部位に応じた施工方法を選定する．施工方法に応じて選定される断面修復材料は，表 7.5 に示した特徴を有する材料を選定することになる．

表 7.6 補修の対象部位に応じた断面修復工法の適用範囲 [4]

補修部位の位置	下面	側面	上面
施工の方向 補修面積	上向き施工	横向き施工	下向き施工
小 ↓ 大	左官工法／吹付け工法／充てん工法	左官工法／吹付け工法／充てん工法	左官工法／充てん工法／吹付け工法

7.4 表面被覆工法

7.4.1 概　要

　鉄筋コンクリート構造物の劣化は，構造的に発生したものを除くと，塩害などによるコンクリート中の鉄筋の腐食とアルカリ骨材反応，中性化，酸による化学的腐食などコンクリート自体の劣化に大別される．その劣化因子は，水，塩化物イオン，炭酸ガス，硫化水素などである．

　表面被覆工法は，これらの劣化因子の侵入やコンクリートのはく落を抑制または防止する効果を有する被覆をコンクリート構造物の表面に形成させる工法であり，大きく分けてエポキシ樹脂やアクリル樹脂などを主成分とする有機系とポリマーセメント系材料を主に使用する無機系の2つがある．表面被覆工法は，原因が中性化などの場合のように劣化が顕在化した後でもある程度その効果が期待できるものと，塩害や凍害など，劣化が顕在化した時点では効果が期待できない場合がある．このため適用に際しては構造物に要求される性能などを考慮して工法を選定する必要がある．また，表面被覆工法は，表面に保護層を形成する場合と劣化部を除去して断面修復した後，表面に保護層を形成する場合，さらに，メッシュと呼ばれている連続繊維シートやアンカーピンを併用して適用されることがある．それぞれの工法の概念図を図7.10に示す．

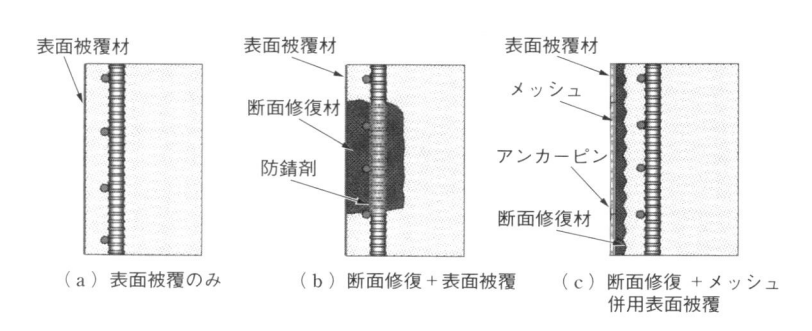

図7.10　表面被覆工法の概念図

7.4.2 要求性能

表面被覆材に要求される性能は，劣化因子遮断性，ひび割れ追従性およびこれらの性能を長期間維持する耐久性である．劣化因子遮断性は，劣化因子をコンクリート内部に侵入するのを防ぎ，構造物の劣化を防ぐ性能である．ひび割れ追従性は，荷重や温度変化によりひび割れが開閉することを考慮し，表面被覆材にもこれに追従して動く性能が必要となる．耐久性は，主に紫外線により塗膜が劣化し消耗するといわれており，劣化因子遮断性，ひび割れ追従性を長期にわたって確保するためにも必要な性能である．

7.4.3 有機系表面被覆工法

（1） 材料の特長

表7.7に有機系表面被覆工法に適用されている一般的な材料を示す．一般的に有機系被覆材は，無機系被覆材に比べて施工厚が薄くできるが，比較的緻密な層を形成することから劣化因子の遮断性に優れており，特に，酸など耐薬品性も優れている．ひび割れ追従性などの要求性能に応じて，硬質のものから軟質のものまで材料を選ぶことによって自由に調整することができる．また，乾燥，硬化速度が無機系被覆材に比べて速いが，溶剤系の材料を使用することから労働安全衛生の面で配慮が必要となる．

表7.7 有機系被覆材の使用材料の一例

工法	使用材料
下地処理工 （プライマー）	エポキシ樹脂，アクリル樹脂，ビニルエステル樹脂，ポリウレタン樹脂，ポリエステル樹脂，SBR系樹脂
不陸調整工 （パテ）	エポキシ系ポリマーセメント，SBR系ポリマーセメント，アクリル系ポリマーセメント，エポキシ樹脂，アクリル樹脂，ビニルエステル樹脂，ポリエステル樹脂
中塗り工 （主材）	アクロイル樹脂，クロロプレンゴム系樹脂，エポキシ樹脂，アクリル樹脂，シリコーン樹脂，アクリルゴム系樹脂，ポリブタジエンゴム系樹脂，ポリウレア樹脂
上塗り工 （仕上げ材）	アクリル樹脂，アクリル変性シリコーン樹脂，シリコーン樹脂，ポリウレタン樹脂，フッ素樹脂，クロロスルホン化ポリエチレン系樹脂

7.4 表面被覆工法

（2） 施工方法

一般的には複層で施工されることの多い有機系表面被覆工法は，主に以下の工程で施工される．**図 7.11** に有機系被覆材の塗膜の一例を示す．

① 下地処理工（プライマー）は，下地コンクリートや不陸調整材との接着性，耐水性，耐アルカリ性が要求され，比較的粘性の低いエポキシ樹脂やアクリル樹脂などが適用されている（**図 7.12**）．

② 不陸調整工（パテ）は，下地コンクリート表面に存在する気泡への充填性が求められ，主材を塗る面としての平滑性が求められる工程である．

③ 中塗り工（主材）は，表面被覆工法のなかでも重要な工程であり，外部からの劣化因子を遮断するとともにひび割れが存在する場合にはこれに追従する性能が要求される．このため，ひび割れ追従性の高い柔軟型のものから，遮塩性や防水性確保の観点から厚膜性の高い材料まで選定することができる（**図 7.13**）．

④ メッシュは，表面被覆後に耐はく離はく落性が要求されている場合にアンカーピンとともに適用されることがある．メッシュは，2 軸や 3 軸のものがあり，橋脚の耐震補強工事では炭素繊維やアラミド繊維メッシュが使用されることが多いが，表面被覆工法ではビニロン繊維やナイロン繊維のメッシュが使用されることが多く，中塗り材に挟み込んで設置されている（**図 7.14**）．

⑤ 上塗り工（仕上げ材）は，外部環境に直接曝されるものである．そのため高い耐候性が求められるとともに美観，景観に配慮した材料を選定する必要がある．例えば，フッ素樹脂やシリコン樹脂などが適用される場合が多く，防汚性，落書き除去性が要求性能となる場合もある（**図 7.15**）．

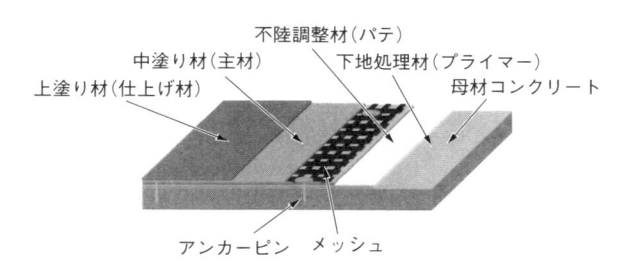

図 7.11 有機系被覆材の塗膜の一例

図 7.12　下地処理工

図 7.13　中塗り工

図 7.14　メッシュ貼付け工

図 7.15　上塗り工

（3）　留意事項

　表面被覆工法は，一層で期待した性能を満足させることが難しい場合にいくつかの工程で施工されるものであり，前記の性能を確保するためには施工時の気象条件に留意する必要がある．

　以下のような気象条件では施工を行わないことが基本となる．

- 外気温が 5℃以下，または 40℃以上のとき
- 湿度が 85％RH 以上のとき
- 結露，降雨，降雪が予想されるとき
- コンクリートの表面含水率が 10％以上のとき

　また，有機系被覆材は，コンクリート内部の水分の移動を抑制するものがあり，被覆材に膨れや剥がれが発生する場合がある．被覆材の剥がれは，対象となるコンクリート面の素地調整が不十分で被覆材との接着性が低下したことも影響していると考えられる．さらに，隅角部などで被覆材がひび割れることがある．これは塗膜厚が過剰になり硬化収縮応力が集中したことが原因であると考えられ，材料を適正に選定し，施工管理を徹底しなかったことが原因であると考えられる．

このように有機系被覆材は，構造物や部材の条件および環境条件を十分に把握し，適正な材料を選定すること，下地処理を十分に行い確実な接着力が得られるように各工程において管理を徹底することが重要となる．

7.4.4 無機系表面被覆工法

（1） 使用材料と特長

表7.8に無機系被覆工法に適用されている一般的な材料を示す．無機系被覆材は，有機系被覆材と同様にコンクリート構造物の劣化因子の侵入を抑制することを期待して施工され，コンクリート表面に1～5mm程度の厚さで施工されることが多い．また，無機系被覆材でも下地処理材および上塗り材として有機系の材料が使われる場合もある．

無機系被覆材の特長は，有機系被覆材よりも耐候性，難燃性に優れ，コンクリート内部の水分を遮断しないため膨れ，剥がれなどの劣化が発生しにくいことなどである．

一方，有機系被覆材よりも劣化因子の遮断性に若干劣ることや，施工直後にひび割れが発生し，また，経年的にひび割れ追従性が劣るものもあるため，被覆材の特性と適用する部材の環境条件など所要の効果が得られるように留意する必要がある．

（2） 施 工

無機系被覆材を施工する場合，特に，下地処理工において，液体プライマーを使用する場合には，表面が乾燥していること，ポリマーセメントペーストを使用

表7.8 無機系被覆材の使用材料の一例

工法	使用材料
下地処理工 （プライマー）	アクリル樹脂エマルジョン，エポキシ樹脂，アクリル樹脂，ポリウレタン樹脂，ポリエステル樹脂
不陸調整工 （パテ）	アクリル系ポリマーセメント，SBR系ポリマーセメント，ベオバ系ポリマーセメント
中塗り工 （主材）	アクリル系ポリマーセメント，SBR系ポリマーセメント，エポキシ系ポリマーセメント，その他
上塗り工 （仕上げ材）	アクリル樹脂エマルジョン，アクリル変性シリコーン樹脂，シリコーン樹脂，ポリウレタン樹脂，フッ素樹脂

する場合には，ドライアウトの防止ならびに余剰水のない湿潤状態とすることが重要である．

一方，中塗り材として使用されているポリマーセメントモルタルは，粉体品と液体エマルジョンの2材で現場に搬入して使用されることが多かった．しかし，最近では再乳化形粉末樹脂を使用して粉体材料を1材化（プレミックス化）して現場に搬入し，現場では水と混ぜ合わせるだけでポリマーセメントモルタルを製造する工法が増えてきている．これにより現場での品質管理が容易となり，品質のばらつきも少なくなることなど利点も多い．

施工方法としては，コテ，刷毛などによる場合もあるが，施工効率の高い吹付け機械を使用する場合もある．また，使用する材料によっては2〜3回塗り重ねる場合もあることから，各工法の施工マニュアルに従って各層の塗布量，回数，塗り重ね時間間隔など適切に施工することが所定の品質を得るために重要となる．

7.4.5 表面被覆材の性能評価の一例

旧日本道路公団が策定した「コンクリート片はく落防止対策マニュアル」[5]では，連続繊維シート接着の押抜き試験方法が規定されている．この規格は，メッシュを併用した表面被覆工法の性能評価，特にはく落防止性能を評価するものである．要求性能は，はく離等により落下しようとするコンクリート片をはく落させない性能とされており，図 **7.16** に示す試験体を作製して試験することを規定している．判定は，「1.5 kN 以上の荷重を示す変形範囲が連続して 10 mm 以上

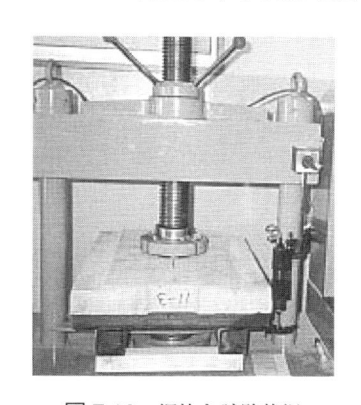

図 7.16　押抜き試験状況

のもの」で行うこととなっている.

7.4.6 表面被覆材の種類と性能比較の一例

図 **7.17** は,炭酸ガス濃度 100％の条件で試験した表面被覆材(仕上げ材)と中性化深さの関係を示したものである.中性化深さの比とは,全く被覆のないものに対する比率として中性化の進行程度を示したものである.この図を見ると,表面被覆工法の中塗り材として使われることの多いエポキシ樹脂は非常に中性化抑制効果が高いことがわかり,逆に撥水剤は中性化抑制の面ではそれほどの効果が期待できないことがわかる.

図 **7.18** および**表 7.9** は,道路橋などの供用期間中に疲労を受けるコンクリート構造物を想定し,市販の表面被覆剤をあらかじめひび割れの入った模擬試験体に塗り,1 000 万回までの動的疲労試験を行った結果である[7].**表 7.10** に対象とした表面被覆材の仕様を示す.この試験は,表面被覆材に発生する亀裂の進展状況に着目して評価を行っている.この図を見ると,表面被覆材の種類によっては供用後,すぐに亀裂が発生してその役割を果たさなくなるものがあることがわかる.

以上のように表面被覆工法では,使用する材料の性能を理解したうえで,つまり静的な状態で試験したような室内試験結果だけでなく,実構造物の使用環境に配慮した材料選定が重要であるといえる.

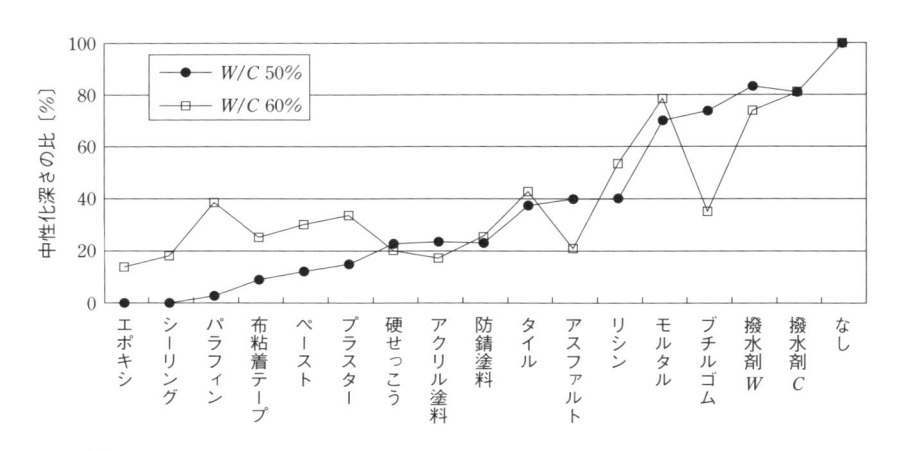

図 7.17 表面被覆材(仕上げ材)と中性化深さの比(参考文献 6 を基に作図)

第7章 補修工法概論

図7.18 表面被覆材料の亀裂長さと疲労回数の関係[7]

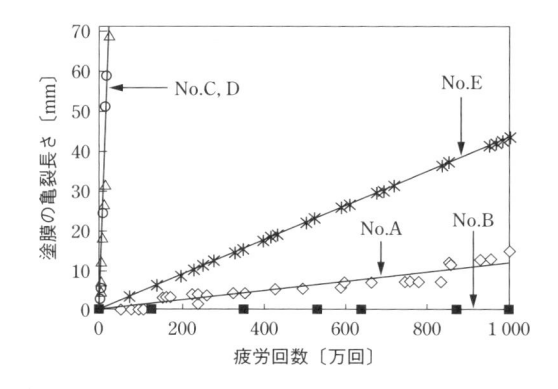

表7.9 亀裂進展速度[7]

No.	亀裂進展速度〔mm/回〕
A	約0.01
B	0.00
C	約2.63
D	約3.26
E	約0.04

表7.10 表面被覆材の仕様[7]

No.	プライマー	パテ	中塗り材	上塗り材	ひび割れ追従性（養生後）
A	エマルジョン樹脂系	柔軟形PC系	柔軟形エポキシ樹脂系	柔軟形フッ素樹脂系	2.60 mm
B	不明	不明	不明	不明	2.40 mm
C	エポキシ系	エポキシ系	エポキシ系	フッ素系	2.06 mm
D	なし	アクリル系PCペースト	アクリル系PCペースト	ポリウレタン系樹脂	1.38 mm
E	エポキシ系	エポキシ系	柔軟形エポキシ系	柔軟形フッ素系	0.85 mm

＊ PC：ポリマーセメントの略

7.5 ひび割れ注入工法

7.5.1 概　要

　ひび割れ補修は，ひび割れによるコンクリート構造物の機能低下や耐久性低下を回復させるために行われるものである．具体的には，防水性，耐久性の回復，劣化因子の遮断，第三者に対する影響の回避，美観の回復，一体性の回復などの要求に対して講じる補修対策である．例えば，図 7.19 は，曲げひび割れ試験体を対象として塩分浸透促進試験を行い，ひび割れの大きさや環境によって，鉄筋

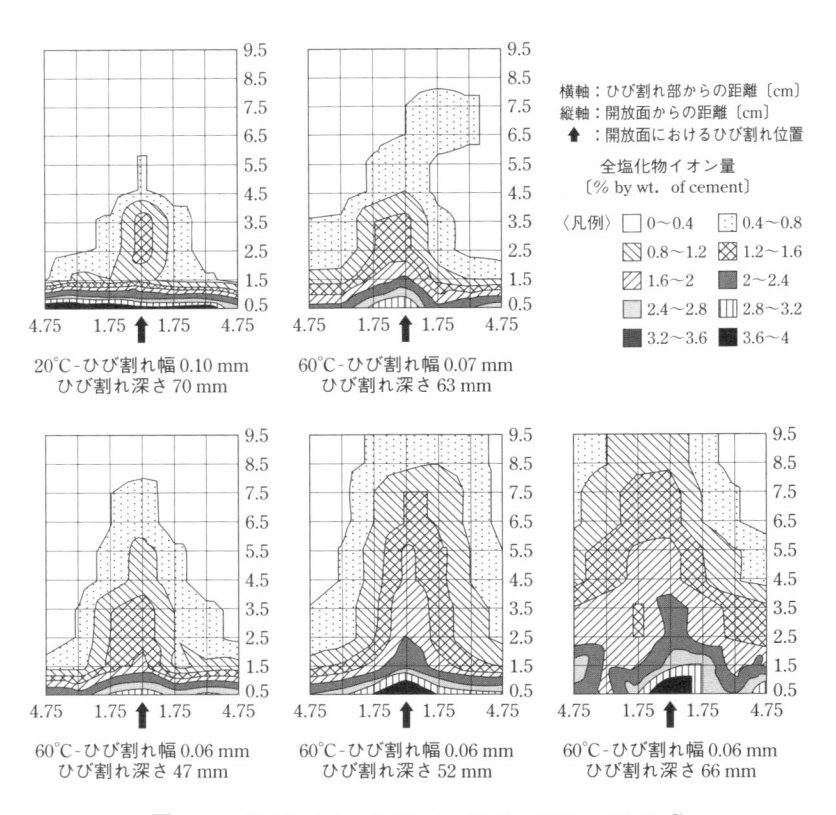

図 7.19　塩化物イオン濃度分布（促進 4 週間，実測値）[8]

表 7.11　許容ひび割れ幅 w_a 〔mm〕[9)]

鋼材の種類	鋼材の腐食に対する環境条件		
	一般の環境	腐食性環境	特に厳しい腐食性環境
異形鉄筋・普通丸鋼	$0.005c$	$0.004c$	$0.0035c$
PC鋼材	$0.004c$	—	—

表 7.12　耐久性または防水性からみた補修の要否に関するひび割れ幅の限度[10)]

区分	その他の要因[*1]	環境[*2]	耐久性からみた場合			防水性からみた場合
			きびしい	中間	ゆるやか	—
(A) 補修を必要とするひび割れ幅〔mm〕		大	0.4以上	0.4以上	0.6以上	0.2以上
		中	0.4以上	0.6以上	0.8以上	0.2以上
		小	0.6以上	0.8以上	1.0以上	0.2以上
(B) 補修を必要としないひび割れ幅〔mm〕		大	0.1以下	0.2以下	0.2以下	0.05以下
		中	0.1以下	0.2以下	0.3以下	0.05以下
		小	0.2以下	0.3以下	0.3以下	0.05以下

＊1：その他の要因（大，中，小）とは，コンクリート構造物の耐久性および防水性に及ぼす有害の程度を示し，下記の要因を総合して定める．ひび割れの深さ・パターン，かぶり（厚さ），コンクリート表面の塗膜の有無，材料・配（調）合，打継ぎなど
＊2：主として鋼材の錆の発生条件からみた環境条件

コンクリート構造物に与える影響が大きいことを確認している．

ひび割れ幅に応じて補修の要否を判断する場合の許容ひび割れ幅を**表 7.11** に，耐久性または防水性からみた補修の要否に関するひび割れ幅の限度を**表 7.12** に示す．耐久性の観点からは，コンクリート表面で確認されるひび割れ幅が 0.4 mm 以上である場合，補修対策を講じる必要があるといえる．

7.5.2　ひび割れ補修工法

ひび割れ補修工法には，ひび割れ部を被覆材で覆う工法，ひび割れ内部に樹脂などの材料を注入，充填する工法に分けることができる．それぞれの工法の概要を**図 7.20** に示す．

一般的にコンクリート構造物に発生したひび割れは，上記2つの方法で補修されているが，前者は，表面被覆工法で概説しているのでここでの詳細な記述はせず，ひび割れ注入工法について詳細に説明する．

7.5 ひび割れ注入工法

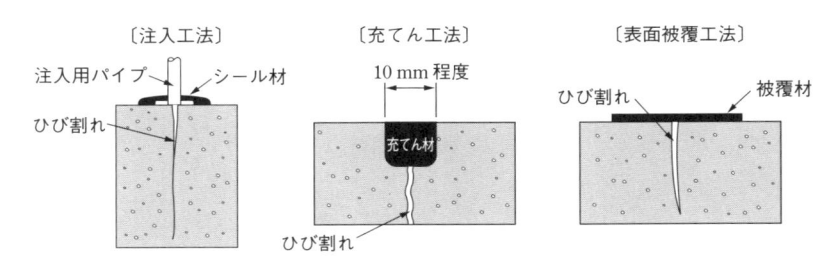

図 7.20 ひび割れ補修工法の種類[12]

7.5.3 注入工法

注入工法は，ひび割れに樹脂系（有機系）あるいはセメント系（無機系）の材料を注入して，防水性，耐久性を向上させる工法である．注入工法には，手動式，機械式，自動式があり，また，注入圧力の違いによって低圧注入工法と高圧注入工法に分けられる．それぞれの特徴を表 7.13 に示す．また，低圧注入工法の概念図を図 7.21 に施工状況の一例を図 7.22 に示す．

表 7.13 低圧注入工法と高圧注入工法の特徴

低圧注入工法	高圧注入工法
・注入管理が容易である ・自動式注入により作業熟練度に左右されない ・ひび割れ幅が 0.05 mm 程度の狭い場合でも確実に注入できる ・施工実績が多い	・短時間で注入できる ・注入管理が難しい ・作業者の熟練度に左右される ・材料ロスが生じやすい

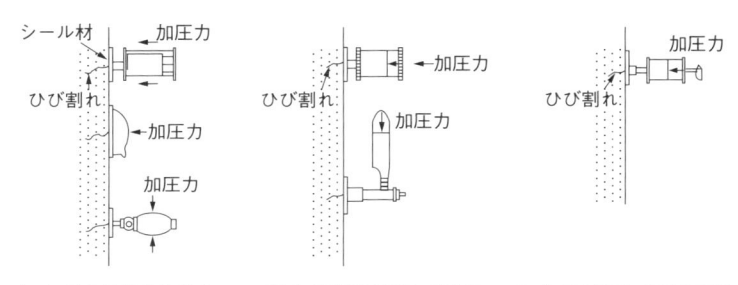

(a) ゴム圧による注入　(b) 圧縮空気による注入　(c) スプリングバネ圧による注入

図 7.21 低圧注入による補修工法[10]

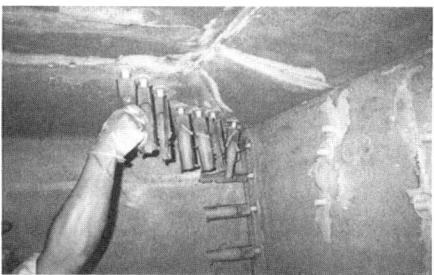

図 7.22　低圧注入工法による施工状況[12]

7.5.4　注入材料

ひび割れ補修に使用される材料は，樹脂系（有機系）とセメント系（無機系）に大別される．それぞれの特徴を十分に理解し，適用する構造物の環境に配慮して適切に材料を選定することが重要である．それぞれの特徴などを**表 7.14**に示す．

表 7.14　注入材料の特徴[13]

材料		有機系	無機系
		エポキシ樹脂，アクリル樹脂	セメント系，ポリマーセメント系，改質剤系[※4]
特徴	長所	①コンクリートやモルタルとの接着性に優れている ②躯体の一体化を図ることができる ③熱膨張係数が大きい(鋼材，コンクリートの約5〜10倍) ④性状が，揺変性[※1]を付与したものや伸び率50%以上の性能を有するもの[※2]など，種類が豊富である ⑤熱や電気を伝えにくい	①コンクリートやモルタルとの接着性に優れている ②エポキシ樹脂注入材と比較して安価である ③熱膨張率がコンクリートに近い ④湿潤箇所に適用できる ⑤防水性，遮塩性が向上する ⑥美観性を損なわない ⑦ひび割れ幅0.05 mmのひび割れへも注入できる[※3]
	短所	①可燃性がある（耐熱性に限界がある） ②紫外線によって劣化する	①硬化がエポキシ樹脂より遅い
施工時の留意点		注入箇所が漏水や湿潤状態にあると，接着不良を起こす可能性がある	注入箇所が乾燥状態にあると，注入途中で目詰まりを起こしてしまうため，注入前に湿潤状態にする必要がある

※1：低粘性であり，1〜5 mmの幅広いひび割れに対しても流下しない性質
※2：可とう性エポキシ樹脂
※3：超微粒子系ポリマーセメントスラリー（最大粒径：16 μm 以下）
※4：コンクリート中の未水和セメントの水和反応を促進させ，CSH系の結晶を生成する

7.5 ひび割れ注入工法

（1）樹脂系（有機系）材料

ひび割れ補修に適用されている樹脂系材料は，エポキシ系，ポリエステル系，ポリウレタン系，シリコン系，ゴム・アスファルト系などがある．これらの中には比較的硬いものや柔らかいものがある．一般に硬い樹脂は，せん断強度が大きくコンクリートの一体化には有効であるが，耐衝撃性に劣る欠点を有している．一方，柔らかい樹脂は，はく離強度は大きいが，せん断強度は小さい欠点を有している．

（2）セメント系（無機系）材料

ひび割れ補修に適用されているセメント系材料は，ポリマーセメントスラリー，セメントペースト，モルタル，膨張性セメントグラウトなどがあり，最近では，セメント改質剤系の成分を含んだものも適用されるようになってきている．一般的にはひび割れ幅が2 mm以上と比較的幅の広いものに適用されることが多かったが，最近では，超微粒子セメントの開発研究が進み，0.2 mm以下のひび割れ幅でも注入可能なものが市販されている．セメント系材料は，有機系材料よりも湿潤面に対する接着力は大きいが，逆に乾燥面に対しては材料自体の水分が失われて境界部分ではく離現象を起こすことも指摘されており，適用に際しては注意が必要である．

7.5.5 注入工法の効果検証の一例

ひび割れ注入工法では，ひび割れ幅に応じて樹脂の粘度や注入パイプの間隔，注入圧力や時間を適切に選定（決定）することが最も重要であり，これに関する研究も進められている．

例えば，ひび割れを導入したコンクリートの梁試験体を対象としてエポキシ樹脂を注入し，注入状況に応じた耐荷力の回復効果と劣化因子遮断性能について検討している研究がある[13]．これによれば，初期曲げひび割れ発生荷重程度の耐荷力を期待するならひび割れ深さの半分程度までエポキシ樹脂を注入しておけばよく，逆にひび割れに完全に注入すると，初期曲げひび割れ発生荷重を上回る回復が期待でき，変形性能の改善も期待できることを確認している．さらに，劣化因子遮断性については，表面から1 cm程度の深さまで樹脂を注入することでほぼ塩分の侵入抑制効果が期待できるが，中性化に対してはその程度の注入では効果

が期待できないことを実験的に明らかとしている．つまり，ひび割れ注入に際しては，その目的に応じて注入する深さを計画して管理する必要があると言える．

7.5.6 ひび割れ補修の留意点 [15]

コンクリートのひび割れを完全に防ぐことは難しい状況のなか，その補修方法である注入工法は比較的簡単に施工できることから多くの現場で採用されている．しかし，施工前の工法，材料の選定や施工後の効果の検証については表面部分での情報から判断することができない．使用する材料や工法を間違えると，すぐ再補修をすることになる場合が少なくない．特に，漏水を伴うひび割れについては，発生原因の推定，周辺環境の変化や適用構造物の特徴など，十分に調査したうえで対応することが重要である．ひび割れ補修の留意点をまとめると以下のとおりとなる．

- ひび割れ発生原因の特定
- ひび割れ進行の有無
- 補修目的（安全性，使用性，美観・景観，耐久性能の回復）
- ひび割れ発生後の期間
- 漏水の有無（過去〜現在）
- ひび割れ発生場所の状況（背面水圧の有無，乾湿など）
- 補修時の条件（季節，振動，変形の有無，漏水の影響の有無など）
- 補修後の条件（温度変化，振動，荷重の影響など）

演習問題

① 補修を行う対象は，必ずしも施工の容易な場所ばかりとは限らない．波しぶきを受けるような海洋構造物や足場の設置も困難な山岳部の高架橋，夜間の極めて短い時間帯のみ施工が許される鉄道施設，騒音・振動の許されない自然保護区域や居住地域など挙げればきりがないが，そのような施工条件のなかでも信頼性の高い補修が求められ，施工環境に応じた施工法や補修材料を選定することが重要となる．

次のような構造物において補修を行うとき，1）劣化過程および補修範囲を示し，2）合理的な施工法とその選定理由，および3）補修材料に求められる施工

7.5 ひび割れ注入工法

性能，を考えよ．
- 構造形式：橋梁下部工（鉄筋コンクリート構造）
- 設置環境：海洋
- 供用期間：25 年
- 残存供用期間：35 年
- 劣化機構：塩害
- 外　　観：ひび割れ，錆汁の発生
- 塩化物イオン量：1.2 kg/m³ を超える範囲は，干満部では部材表面から 120 mm 海中部および飛沫帯ではかぶり内の鉄筋近傍
- かぶり：90 mm
- ひび割れ等発生部位：干満部（干潮，満潮の潮位差 1 500 mm），鉛直面（側面）
- 対象範囲：外周 20 m

② 劣化したコンクリート構造物を補修する場合，劣化・損傷に応じた適切な対策が必要となる．一般には，内部の鉄筋の腐食の進行を抑制すること，はく離，はく落による第三者への影響を極力少なくすることなどが重要となる．

以下の 1)〜7) の代表的な劣化・損傷について，Ⅰ群から主な外観の変状を，Ⅱ群から補修工法として適切なものを選べ（Ⅱ群は複数回答可）．

劣化・損傷	Ⅰ群・主な外観の変状	Ⅱ群・補修工法
1) 塩害 2) 中性化 3) アルカリシリカ反応 4) 凍害 5) 化学的腐食 6) 疲労（床版） 7) 火害	A：微細ひび割れ，スケーリング，ポップアウト B：鉄筋に沿ったひび割れ，コンクリートのはく離，鉄筋露出 C：変色，大小無数のひび割れ，爆裂 D：網目状，亀甲状のひび割れ，変色 E：鉄筋に沿ったひび割れ，錆汁，コンクリートのはく離，鉄筋破断 F：格子状のひび割れ，角欠け，遊離石灰 G：表面の脆弱化，ひび割れ，鉄筋腐食	ア：断面修復 イ：ひび割れ注入 ウ：脱塩 エ：再アルカリ化 オ：表面被覆 カ：電気防食

第7章　補修工法概論

[**参考文献**]

1) 2007年制定コンクリート標準示方書［維持管理編］，土木学会，2007
2) 足立一郎，迫田惠三，八尋暉夫，光延優一：ウォータージェットによる処理深さが新旧コンクリートの打継ぎ強度に与える影響，コンクリート工学年次論文集，Vol.19，No.1，1997
3) 応　力，迫田惠三，内海秀幸，足立一郎：養生条件が新旧コンクリートの打継ぎ強度に与える影響，コンクリート工学年次論文集，Vol.22，No.2，2000
4) 表面保護工設計施工指針（案），コンクリートライブラリー119，土木学会，2005
5) コンクリート片はく落防水対策マニュアル，日本道路公団，2000
6) 森永繁ほか：コンクリートの中性化および鉄筋の発錆に関する研究（その11），日本建築学会大会，1977
7) 飯塚康弘，西村次男，魚本健人：ひび割れを有するコンクリートに塗布した表面保護材料の100万回及び1000万回疲労実験，コンクリート工学年次論文集，Vol.23，No.1，2001
8) 塚原絵万，魚本健人：ひび割れを有するコンクリート中の鉄筋腐食に関する基礎的研究，コンクリート工学論文集，Vol.11，No.1，2000
9) コンクリート標準示方書［構造性能照査編］，土木学会，2002
10) ひび割れ調査，補修・補強指針，日本コンクリート工学協会，2003
11) コンクリート補修入門講座　第5回　ひび割れ補修・材料と工法の選び方，日経コンストラクション，2000年12月8日号
12) 日経コンストラクション：これから始めるコンクリート補修講座，日経BP社，2002
13) コンクリート診断技術'06，日本コンクリート工学協会，2006
14) 星野富夫，魚本健人：ひび割れに樹脂注入したコンクリート梁の強度性状と耐久性に関する研究，コンクリート工学年次論文報告集，Vol.23，No.1，2001
15) 瀬野康弘：コンクリートのひび割れ注入補修における注入性状に関する研究，東京大学学位論文，2007

CHAPTER **8**
補強工法概論

第8章 補強工法概論

8.1 概　　論

　コンクリート構造物に求められる性能が低下している場合や設計基準の変更などの理由により，設計当初の性能では要求性能を満足しなくなった場合には，その機能を目標とする水準にまで回復させる必要がある．回復させる水準としては，**図 8.1** に示すような2種類の水準がある．何らかの理由で経時変化に伴って低下した機能を当初の設計水準の性能まで回復することをここでは「補修」と呼ぶことにする．また，当初設定されていた性能よりもさらに高い水準にまで性能を向上させることを「補強」と呼ぶことにする．図 8.1 では，「補修」と「補強」との違いを表している．当初の設計で設定された性能水準が劣化・損傷などにより低下し，補修により当初の水準にまで回復されている．しかし，その後再び機能

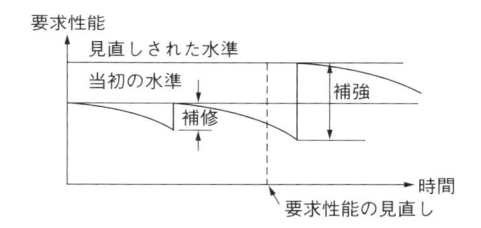

図 8.1　コンクリート構造物の性能水準の経時変化

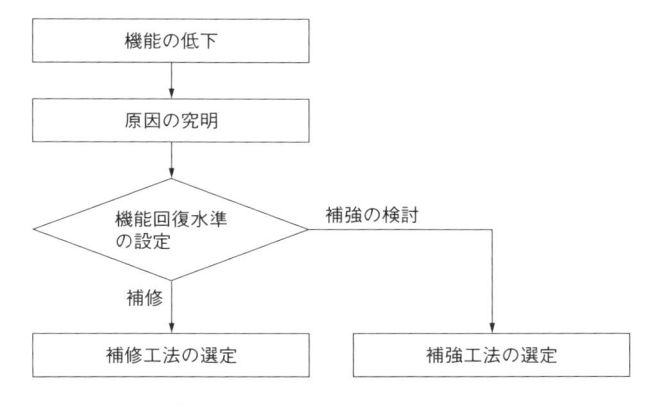

図 8.2　補強工法選定までの流れ

8.1 概論

が低下し，その過程において，必要とされる性能の水準も引き上げられたために，補強により設計当初の機能が高められている．

この章では，補強に関する考え方，手順を示すとともに，多種多様な補強工法について概説することにする．

これまで6章において，構造物の診断について学んできたが，診断結果に基づき構造物の性能がどのレベルにあるか，または構造物がどのような状態にあるのかが判定される．さらに，将来予測も行いながら，どの時期に機能を回復させるかなど工学的な観点から補強時期，補強工法の選定が行われる．

補強までの一般的な流れを示すと図8.2のようになる．補強を実施するためには，以下のことに留意して実施することが大切である．

① 劣化・損傷の原因を明らかにする

点検により構造物の劣化・損傷が認められた場合には，さらに詳細な調査を行って構造物の劣化・損傷の原因を明らかにするとともに，構造物の健全度を判定して，その対応策について検討を行うことになる．劣化・損傷の原因が補強工法に反映されないと，補強後に新たな補修・補強が必要になることもある．

② 補強が必要と判定された場合には，補強の対象となる部材や構造物の性能水準を明確にして，補強方法を検討する

緊急を要する補強工事以外では，点検，調査，構造物の健全度評価の手順を踏んで補強対策が実施されるので，補強が完了するまでには時間を要するのが一般的である．そのため，劣化・損傷が再発しないための対策，将来の劣化予測を踏まえて，性能水準を定めることが大切である．また，新しい設計基準に対応していない構造物において，著しい劣化・損傷が確認されていない場合には，供用状態における構造物の性能を現場計測結果に基づいて再評価し，補強のシナリオを検討して，補強の時期，補強工法の選定が行われることがある．

③ 補強設計

補強設計は，設計当初の設計条件，設計計算書，構造図に基づいて，目標とする性能レベルの構造諸元を決定するために実施されるが，設計当初の情報が残されていないことがある．このような場合には，復元設計（現地調査に基づいて設計条件を推定し，設計当初に適用されていた基準を適用しながら構造計算を行い，設計計算書および構造詳細図を復元すること）などが行われる．補強の場合，旧

第8章 補強工法概論

表8.1 補強工法の分類（主に道路橋における事例）

補強工法	工法の特徴	補強の目的	適用事例
床版上面増厚工法	RC床版の上面の厚さを増すことで耐力を増加させる．新旧コンクリートの十分な付着を確保することが前提となる	・曲げ耐力の向上 ・せん断耐力の向上	活荷重の増加に伴うRC床版の補強
主桁増設工法	RC床版を支える桁の床版支間を狭めてRC床版の耐力を増加させる	・曲げ耐力の向上 ・せん断耐力の向上	活荷重の増加に伴うRC床版の補強
床版打換え工法	劣化の著しいRC床版を，新たな床版に打ち換える	・曲げ耐力の向上 ・せん断耐力の向上	活荷重の増加に伴うRC床版の補強
鋼板接着工法	桁下面に鋼板を接着することにより曲げ耐力を増加させる	・曲げ耐力の向上	活荷重の増加に伴うコンクリート桁に曲げひび割れ発生
炭素繊維シート（CFRP）接着工法	桁下面に軽量の炭素繊維シートを接着することにより曲げ耐力を増加させる	・曲げ耐力の向上	活荷重の増加に伴うコンクリート桁の補強
プレストレス導入工法	既設桁に外ケーブルでプレストレスを導入することにより耐力を増加させる	・曲げ耐力の向上 ・せん断耐力の向上	活荷重の増加に伴うコンクリート桁の補強
鉄筋コンクリート（RC）巻立工法	靭性および耐力を増加させる目的で，RC橋脚をコンクリートで巻き立てる．巻き立てた結果，断面増加が無視できなくなる	・曲げ耐力の向上 ・せん断耐力の向上 ・靭性の向上	耐荷力が不足するRC橋脚の（耐震）補強
	鋼桁の振動を抑制する目的で，鋼桁の端部を剛性の高いコンクリートで巻き立てる	・剛性の向上	騒音・振動低減のための鋼橋の端対傾構・端横桁のコンクリート巻立て
鋼板巻立工法	RC橋脚を鋼板で巻き立て，その拘束効果で靭性，耐力を増加させる．断面増加が少ない	・曲げ耐力の向上 ・せん断耐力の向上 ・靭性の向上	耐荷力が不足するRC橋脚の（耐震）補強
炭素繊維シート（CFRP）巻立工法	RC橋脚を炭素繊維シートで巻き立て，その拘束効果で靭性，耐力を増加させる．断面増加が少ない	・曲げ耐力の向上 ・せん断耐力の向上 ・靭性の向上	耐荷力が不足するRC橋脚の（耐震）補強
免震支承取替え工法	支承を免震構造にすることにより地震力による上部構造から下部構造に伝達される慣性力を減少させる	・地震力の低減	耐荷力が不足するRC橋脚の（耐震）補強
主桁連結工法	桁を連結してジョイントをなくすことにより，衝撃音を抑制する	・剛性の向上	騒音・振動低減のためのノージョイント化

材料と新材料とが混在することになるので，材料の性質の違いによる応力状態の変化が，その後の新たな変状を引き起こす原因とならないように考慮することとともに，耐久性に優れている補強材料を選定することが大切である．

④ 補強工法の選定

コンクリート構造物に適用可能な補強工法として様々な工法が研究・開発されている．**表8.1**に示すように補強工法の種類は多種多様で，多くの選択肢がある．

ここでは，コンクリート構造物の代表的な補強工法を紹介する．

第 8 章　補強工法概論

8.2　補強工法の事例

　コンクリート構造物の劣化・損傷は，様々な要因によって生じるために，その劣化・損傷原因を調査し，劣化・損傷を再発させない適切な補修・補強工法が選択される．ここではコンクリート構造物の代表的な損傷事例とその補強工法について紹介する．

8.2.1　荷重増加に対する補強事例

（1）　車両の大型化に伴う損傷事例

　図 **8.3** は，首都高速道路都心環状線の交通量および大型車混入率の推移を示している．道路網の整備，物流システムの変化に伴い，大型車両の混入率は，昭和50年頃から増加してきており，また，過積載車両の増加も認められるようになってきた．大型車両の混入率の増加は，平成元年以降は全体的に頭打ち傾向とな

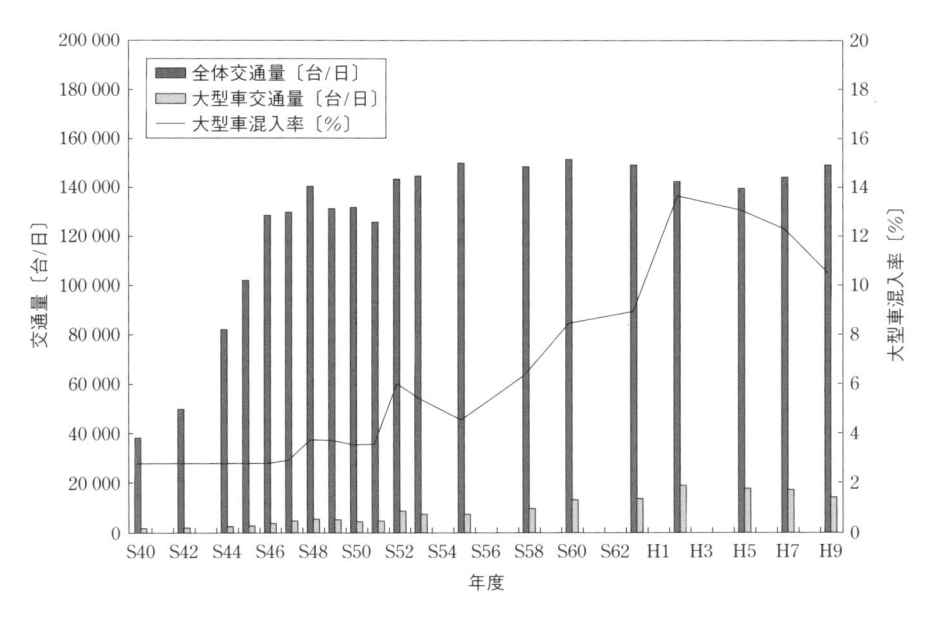

図 8.3　首都高速道路都心環状線の交通量および大型車混入率の推移 [1]

表 8.2　道路橋における活荷重の変遷[2]

制定年月	基準名称	活荷重
1939年2月 〜 1956年5月	鋼道路橋設計示方書（案） （内務省土木局）	1等橋 T-13　$P = 5.2$ tf 2等橋 T-9　$P = 3.6$ tf
1956年5月 〜 1973年4月	道路橋示方書 （日本道路協会）	1等橋 T-20　$P = 8.0$ tf 2等橋 T-14　$P = 5.6$ tf
1973年4月 〜 1993年11月	特定路線にかかる橋高架の道路等の技術基準（建設省通達）	1等橋 T-20　$P = 8.0$ tf（総荷重 20tf） 大型車が1方向1 000台/日以上の場合 9.6tf ただし，特定路線，湾岸道路，高速自動車道 他にあっては，上記以外に以下の荷重を考慮 し設計する TT-43　$P = 6.5$ tf（総荷重 43tf） 2等橋 T-14　$P = 5.6$ tf
1993年11月 〜 1994年2月	橋，高架の道路等の技術基準における活荷重の取扱いについて（建設省通達）	T荷重　$P = 10.0$ tf
1994年2月 〜	道路橋示方書 （日本道路協会）	B活荷重　$P = 10.0$ tf A活荷重　$P = 10.0$ tf

っているが，大型車両の増加は，道路構造物に大きな影響を及ぼすようになってきている．

表 8.2 に示すように，大型車の増加に伴い，道路橋示方書では活荷重の見直しが度々行われてきたが，新しい設計基準に対応していない構造物の場合，道路橋でも近年損傷が認められるようになってきている．

図 8.4 は，車両大型化が原因の1つと考えられる損傷の様子を示している．RC床版は輪荷重の繰返し載荷によって，①一方向ひび割れの発生，②二方向ひび割れの発生，③二方向ひび割れの発達・細網化，漏水や遊離石灰の発生，④漏水の増加，泥水・錆汁の浸出を経て抜け落ち・コンクリートのはく離・疲労破壊の発生，といったプロセスでRC床版の疲労損傷が観察される

（2）　車両大型化に対する補強設計のプロセス

補強設計までのプロセスは，一般に以下の手順で行われる．

① 舗装面やRC床版下面に損傷が目視点検などで確認される．

② 詳細点検を実施し，非破壊検査などを行って損傷原因を明らかにするとともに構造物の診断を行う．

第8章　補強工法概論

① 一方向ひび割れの発生　　② 二方向ひび割れの発生　　③ 二方向ひび割れの発達細網化，漏水や遊離石灰の発生　　④ 漏水の増加，泥水，錆汁の浸出を経て抜け落ち

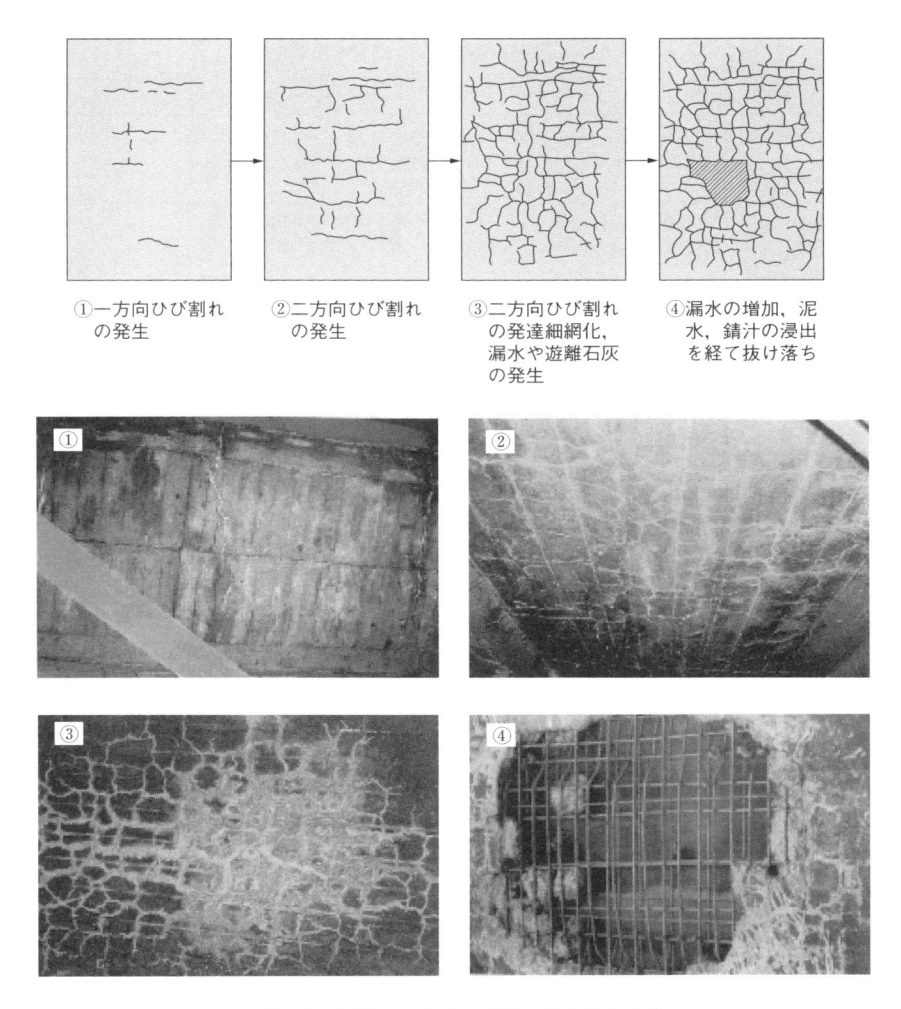

図 8.4　鋼橋 RC 床版の損傷の進行状況 [2) 3)]

③　舗装や RC 床版の損傷原因が，車両大型化による場合には，現状における性能水準の評価とその補強計画を検討する．
④　完成図面，設計時に適用された設計基準類を収集し，設計当初の考え方を把握する．設計当初の情報が不足する場合は，新たに復元設計を実施する．
⑤　補強対象橋梁の完成図面から性能照査を行う．すなわち，現行設計基準に

照らし合わせて，使用性，安全性の照査を行う．
⑥ 所定の水準まで機能高めるための，補強工法を選定する．補強設計の場合，一般に，耐力が設計荷重時の作用力を超えるように構造物を補強することが検討されるが，構造システムを変更して設計荷重時の作用力を低減させることにより，耐力が作用力上回るようにすることも検討される．
⑦ 上部構造と下部構造を含めた橋梁全体系において設計荷重時の作用力が耐力を超えないことを確認し，補強設計を完了する．

なお，既設道路橋の車両大型化に対する補強は，床版や桁の損傷の著しいものから優先順位を付けて実施されているのが現状である．

(3) 補強事例

活荷重の変動は，橋梁の上部構造に最も影響を与えるために，損傷事例も多く報告されている．上部構造は床版と桁に分けられる．床版の補強工法としては，上面増厚工法，主桁増設工法などがある．床版の損傷が著しい場合には，床版を打ち換えてしまうこともある．また，桁の補強工法としては，補強材を接着して補強する鋼板接着工法，CFRP接着工法があり，桁自体にプレストレスを導入して，耐荷力を増加させるプレストレス導入工法などがある．

(a) 上面増厚工法

上面増厚工法は，図 **8.5**，**8.6** に示すように，既設コンクリート床版の上面に鋼繊維超速硬コンクリートを打設して，部材厚を増すことにより押し抜きせん断耐力や曲げ耐力の向上を図るものである．

本工法においては施工中に通行規制を伴うため，施工時間を極力短縮する目的から鋼繊維超速硬コンクリートを使用している．また，本工法により補強機能を発揮するためには，新旧コンクリートが一体化することが前提である．したがって，一体化に適した材料の選定，打継ぎ面の処理，施工方法などについて十分に留意する必要がある．上面増厚工法には，増厚する断面に鉄筋を新たに配置するか否かで，床版上面増厚工法と鉄筋補強上面増厚工法に分類することができる．床版上面増厚工法は，主に鋼橋の RC 床版の補強工法として採用されており，曲げ耐力と押し抜きせん断耐力が向上するとともに，活荷重による床版のたわみを低減することも期待できる．鉄筋補強上面増厚工法は増厚コンクリート中に補強鉄筋を配置するもので床版上面増厚工法としての機能に加えて，連続桁の中間支

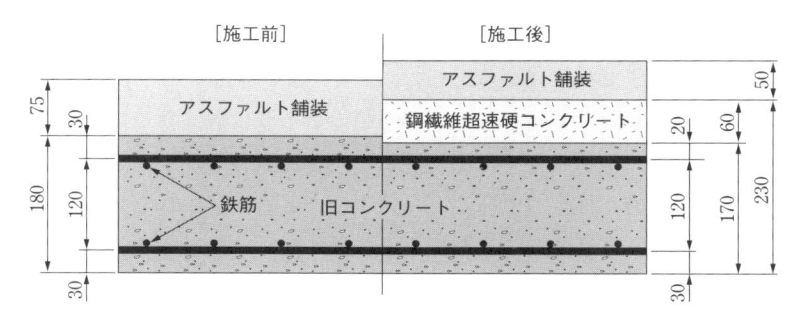

図 8.5 床版上面増厚工法の施工例（鋼橋 RC 床版）[4]

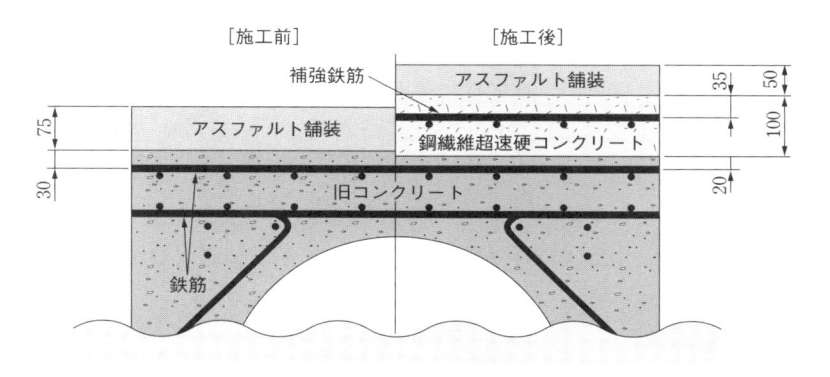

図 8.6 鉄筋補強床版上面増厚工法の施工例（RC 中空床版橋）[4]

点上や張出し床版などの曲げモーメントを受ける部位の補強に有効である．

(b) 主桁増設工法

主桁増設工法は，**図 8.7，8.8** に示すように，既設の主桁間または張出し床版部に新たに主桁を増設して，既設主桁および床版に作用する断面力の低減を図るものである．本工法は，車両大型化による活荷重の増加や死荷重の増加に対するRC 床版の補強および既設桁の補強を目的に行うものである．増設された主桁は活荷重に対して有効に作用し，RC 床版および主桁の耐荷力を増加させるとともに，たわみや振動を低減する．

(c) 床版打換え工法

床版打換え工法は，RC 床版の過度な劣化が支間全体にわたっている場合に，劣化した RC 床版を切断して撤去し，現行の基準を満たす床版に打ち換える工法

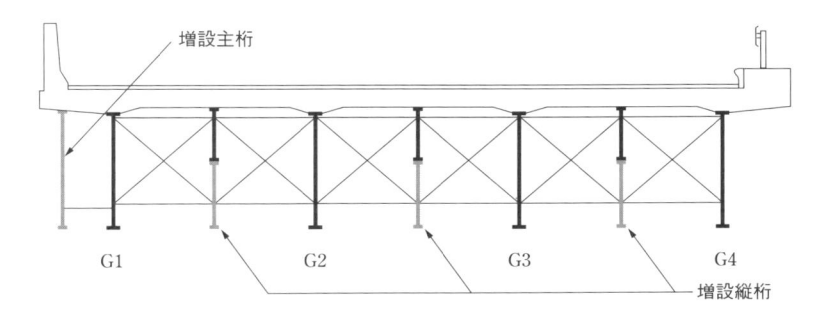

図 8.7　主桁増設工法の強補概要図[5]

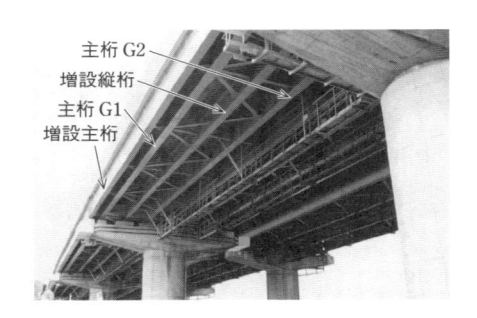

図 8.8　主桁増設工法による補強状況[5]

である（図 **8.9**）．

打ち換える床版の種類としては，場所打ちコンクリート床版とプレキャストPC床版があり，交通規制時間などの制約条件や架設条件などから選定する．多くの場合，通行規制を極力短くすることが求められることからプレキャストPC床版が採用される．図 **8.10** には新しいプレキャストPC床版の架設状況を示している．

プレキャストPC床版は，工場製作，現場までの運搬，架設といったプロセスで施工される．プレキャスト床版を現場まで運搬するのに，その大きさおよび重量が制限される．図 8.10 のプレキャストPC床版の大きさは，道路幅員方向の長さが約 10 m，橋軸方向長さが約 2 m である．この事例での隣り合うプレキャストPC床版の接合方法は，橋軸方向にあらかじめ開けたダクトにPC鋼線を挿入してプレストレスを導入することにより 1 径間ごとの床版を接合する方法を採っ

図 8.9　既設の劣化した RC 床版の切断・撤去状況 [5]

図 8.10　新しいプレキャスト PC 床版の設置状況 [5]

ている．この他の接合方法としては，プレキャスト PC 床版にあらかじめループ状の鉄筋を配置しておき，隣り合うプレキャスト PC 床版のループ状の鉄筋をかみ合わせて無収縮モルタルを打設し，橋軸方向を RC 構造で接合する方法もある．

(d)　鋼板接着工法

鋼板接着工法は，RC 桁下面に鋼板を樹脂で接着し，既設床版と一体化させることで鉄筋と同様に鋼板を引張材として利用し，抵抗曲げモーメントを増加させる工法である．図 8.11 は RC 中空床版の下面に短冊状の鋼板を橋軸方向に接着した事例である．本工法の特徴としては，通行規制をすることなく施工できることが挙げられる．

本工法の留意点としては，鋼板とコンクリート構造物の隙間に注入する樹脂によって鋼板が変形しないように配慮する，鋼板を部分的に接着すると応力集中を起こす恐れがあるため鋼板の接着は支間全長にわたって接着するようにする，鋼

図 8.11 鋼板接着工法による補強状況[5]

板の継手位置は施工目地や曲げモーメントが最大となる位置を避けて橋軸直角方向の同一箇所に集中させないようにする，などが挙げられる．

（e） 炭素繊維シート（CFRP）接着工法

CFRP（Carbon Fiber Reinforced Plastic Sheet）接着工法は，図 **8.12** に示すように，炭素繊維シートをコンクリート部材の引張応力作用面にエポキシ樹脂等の接着剤を含浸させながら貼り付けて既設部材と一体化させ，既設コンクリート内部の鉄筋とともに引張力を負担させて曲げ耐力やせん断耐力の向上を図るものである．また，すでにひび割れが発生している場合にはひび割れの進展を抑制する効果もある．本工法の特徴としては，死荷重や断面の増加がほとんどなく耐荷力の向上が期待できる，軽量であるため箱桁内部などの作業空間が限定される場所での施工性がよい，必要補強量に対し積層数の調節により対応することができる，樹脂の接着力により定着を確保するため既設構造物を傷めることなく補強することができる，などが挙げられる．

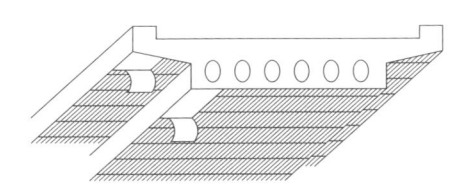

中空床版橋への適用

図 8.12 CFRP 接着工法の補強概要図[5]

（f） プレストレス導入工法

プレストレス導入工法は，図 **8.13**，**8.14** に示すように，主として PC 橋（T 桁橋・箱桁橋）において，主桁の側面や箱桁内部に PC 外ケーブルを配置して，主桁に作用する曲げモーメントの低減を図るものである．本工法の長所としては，補強効果が力学的に明確であり確実な補強が期待できる，補強部材による死荷重の増加が小さい，PC 鋼材や定着部および偏向部の点検・取替え等の補強後の維持管理が容易である，などが挙げられる．短所としては，外ケーブルによりプレ

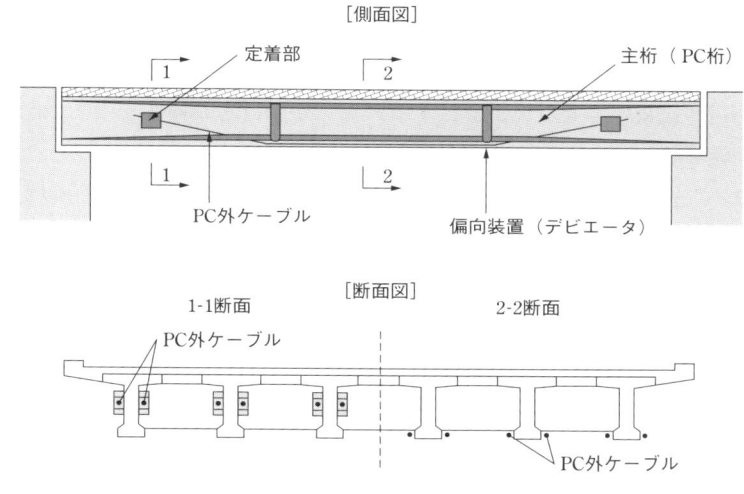

図 8.13 プレストレス導入工法の補強概要図[5]

図 8.14 プレストレス導入工法による補強状況[5]

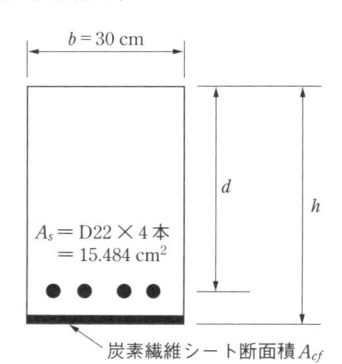

ストレスを導入しても剛性の向上が期待できない，定着具・偏向装置を固定するために既設部材を削孔する必要がある，コンクリート部材中に配置された内ケーブルに比較して外気や温度変化の影響を受けやすい，などが挙げられる．

例題 1 （CFRP 接着工法による曲げ補強）

設計当初，終局時の設計曲げモーメント M_{d1} = 300 kN·m で設計された単鉄筋矩形断面において，設計基準の見直しに伴い，終局時の設計曲げモーメントが M_{d2} = 350 kN·m となった．

設計条件変更に伴う，曲げ耐力不足を RC 断面の下面全幅に炭素繊維シートを貼付けることで補うとした場合，必要とされる炭素繊維シートの厚さを求めよ．

ただし，コンクリート，鉄筋および炭素繊維シートに関する物性値として，以下の値を用いるものとする．

・コンクリートの設計圧縮強度：f'_{cd} = 30 N/mm^2
・鉄筋の降伏点強度：f_{sy} = 350 N/mm^2
・炭素繊維シートの引張強度：f_{cf} = 3 400 N/mm^2
・炭素繊維シートの弾性係数：E_{cf} = 230 kN/mm^2
・安全係数はすべて 1.0 とする．

（1）当初設計　　　　　　　　（2）変更設計

(図) 当初設計：b = 30 cm，d = 60 cm，h = 65 cm，A_s = D22 × 4 本 = 15.484 cm^2

(図) 変更設計：b = 30 cm，d，h，A_s = D22 × 4 本 = 15.484 cm^2，炭素繊維シート断面積 A_{cf}

第8章　補強工法概論

解答1

（1）設計当初

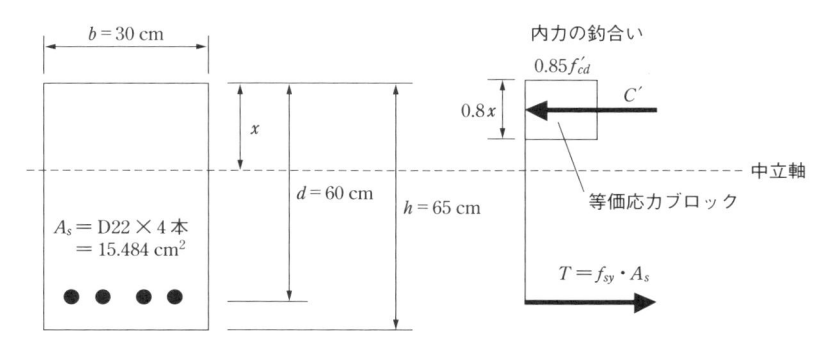

図：断面 $b = 30$ cm, $d = 60$ cm, $h = 65$ cm, $A_s = $ D22×4本 $= 15.484$ cm², 内力の釣合い（$0.85 f'_{cd}$, $0.8x$, C', 中立軸, 等価応力ブロック, $T = f_{sy} \cdot A_s$）

終局時の断面内に作用する圧縮力 C' は，等価応力ブロックを用いて求めると，

$$C' = 0.85 f'_{cd} \cdot 0.8 x \cdot b = 0.68 f'_{cd} b x$$

となる．

また，終局時には鉄筋が降伏していると仮定すると，引張力 T は，

$$T = A_s \cdot f_{sy}$$

となる．

断面内の力のつり合い $C' = T$ より

$$0.68 f'_{cd} b x = A_s f_{sy}$$

となる．

したがって，上縁から中立軸までの距離 x は，

$$0.68 \cdot 30 \cdot 300 \cdot x = 1548.4 \cdot 350$$

$$x = 88.6 \text{ mm}$$

となる．

設計当初の抵抗モーメント M_{r1} は，

$$M_{r1} = T \cdot (d - 0.4 x) = C \cdot (d - 0.4 x)$$

より求められる．

$$M_{r1} = 350 \cdot 15.484 \cdot 100 \cdot (0.6 - 0.4 \cdot 0.0886) \cdot 0.001$$

$$= 306.0 \text{ kN·m} > M_{d1} = 300 \text{ kN·m} \quad \text{OK}$$

$$< M_{d2} = 350 \text{ kN·m} \quad \text{NG}$$

すなわち，設計当初は抵抗モーメント M_{r1} は，設計曲げモーメント M_{d1} を上回っていたが，見直された設計曲げモーメント M_{d2} に対しては抵抗モーメントは不足する結果となっている．

（2）補強設計

矩形 RC 断面の下面全面に炭素繊維シートを貼り付けて補強する場合の炭素繊維シートの必要厚さを算定する．

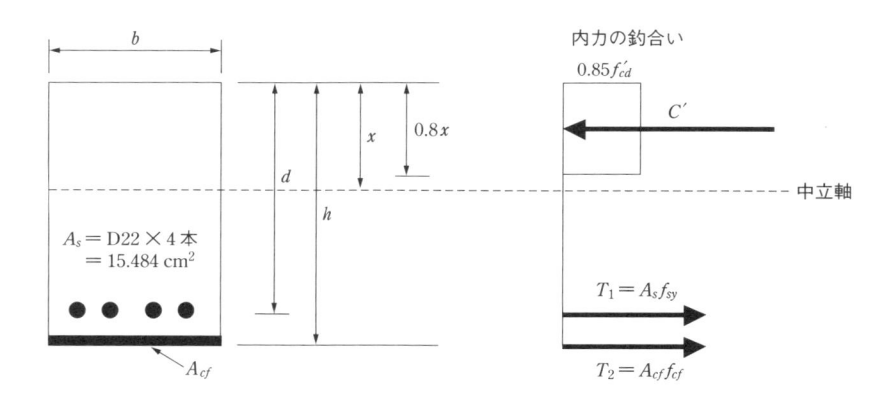

断面内での力のつり合い $C' = T_1 + T_2$ より

$\quad 0.85 f'_{cd} \cdot 0.8x \cdot b = A_s f_{sy} + A_{cf} \cdot f_{cf}$

$\quad 0.85 \cdot 30 \cdot 0.8x \cdot 300 = 350 \cdot 1548.4 + A_{cf} \cdot f_{cf}$

$\quad A_{cf} \cdot f_{cf} = 6120x - 541940$

炭素繊維シートで補強した場合の抵抗モーメント M_{r2} は，

$M_{r2} = T_1(d - 0.4x) + T_2(h - 0.4x)$ より

$\quad M_{r2} = A_s \cdot f_{sy}(d - 0.4x) + A_{cf} \cdot f_{cf}(h - 0.4x)$

$M_{r2} = M_{d2}$ より

$\quad 350000000 = 1548.4 \cdot 350(600 - 0.4x) + A_{cf} \cdot f_{cf}(650 - 0.4x)$

$\quad 24836000 = -216776x + (6120x - 541940) \cdot (650 - 0.4x)$

$\quad 2448x^2 - 3978000x + 377097000 = 0$

$\quad x = 101.1 \text{ mm}$

炭素繊維シートの負担する引張力 T_2 は，

$\quad T_2 = A_{cf} \cdot f_{cf} = (6120 \cdot 101.1 - 541940) = 76\,792 \text{ N}$

となる.

$A_{cf} = 76792 \text{ N}/3\,400 \text{ N/mm}^2 = 22.6 \text{ mm}^2$

したがって，炭素繊維シートの必要厚さ t_{cf} は,

$t_{cf} = 22.6 \text{ mm}^2/300 \text{ mm} = 0.075 \text{ mm}$

この場合の抵抗モーメント M_{r2} は,

$M_{r2} = T_1(d - 0.4x) + T_2(h - 0.4x)$
$= 350 \cdot 1548.4 \cdot (0.6 - 0.4 \cdot 0.1011) \cdot 0.001$
$\quad + 76792 \cdot (0.65 - 0.4 \cdot 0.1011) \cdot 0.001$
$= 350.1 \text{ kN·m} > M_{d1} = 350 \text{ kN·m}$　OK

となる.

したがって，炭素繊維シートで補強することにより，不足した抵抗モーメントを補うことができる.

【参考】

棒部材の曲げ耐力は，以下の（i）〜（iv）仮定に基づいて算定される.

（i）断面内のひずみ分布は，平面保持の仮定に従う.

（ii）コンクリートの引張抵抗は無視する.

（iii）コンクリートと鉄筋は完全付着を仮定する.

（iv）コンクリートおよび鉄筋応力-ひずみ曲線は，下図のモデルを用いる.

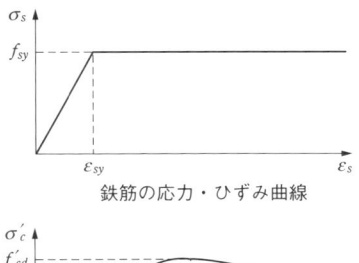

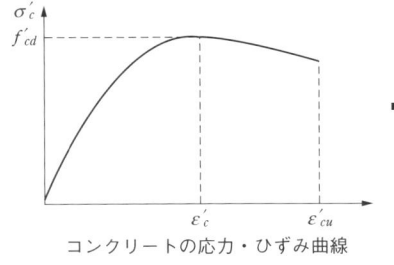

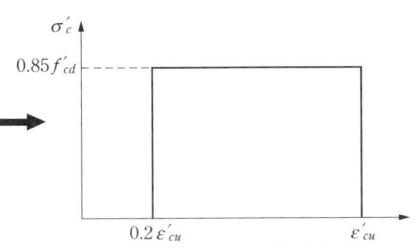

鉄筋の応力・ひずみ曲線

コンクリートの応力・ひずみ曲線

終局時の Whittney の等価応力ブロック

8.2 補強工法の事例

　また，炭素繊維シートは，終局時までコンクリートと完全付着を仮定し，弾性体として取り扱う．終局時の曲げ耐力算定において，圧縮合力とその作用位置が変わらなければ，どのような応力分布を仮定しても，得られる結果は変わらないので，例題ではコンクリートの応力-ひずみ関係には，簡略化した矩形の応力分布（等価応力ブロック）を用いている．

例題2　（プレストレス導入工法による曲げ補強）

　設計当初，終局時の設計曲げモーメント $M_{d1} = 300$ kN·m で設計された単鉄筋矩形断面において，設計基準の見直しに伴い，終局時の設計曲げモーメントが $M_{d2} = 350$ kN·m となった．

　設計条件変更に伴う，曲げ耐力不足を主鉄筋と同じ有効高さに配置した外ケーブルに張力を与えることで補うとした場合，必要とされる外ケーブルの張力を求めよ．

　ただし，コンクリート，鉄筋に関する物性値として，以下の値を用いるものとし，外ケーブルの張力は構造物の変形により変動しないものとする．

- コンクリートの設計圧縮強度：$f'_{cd} = 30$ N/mm^2
- 鉄筋の降伏点強度：$f_{sy} = 350$ N/mm^2
- 安全係数はすべて 1.0 とする．

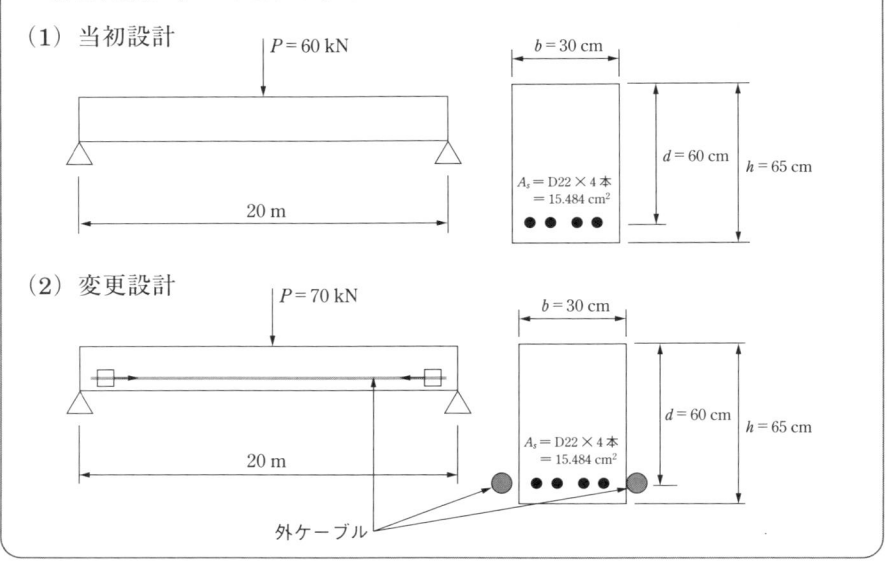

(1) 当初設計

$P = 60$ kN，スパン 20 m，$b = 30$ cm，$d = 60$ cm，$h = 65$ cm，$A_s = $ D22×4本 $= 15.484$ cm^2

(2) 変更設計

$P = 70$ kN，スパン 20 m，$b = 30$ cm，$d = 60$ cm，$h = 65$ cm，$A_s = $ D22×4本 $= 15.484$ cm^2，外ケーブル

解答2

補強設計

矩形 RC 断面の側面に外ケーブルを配置して補強する．

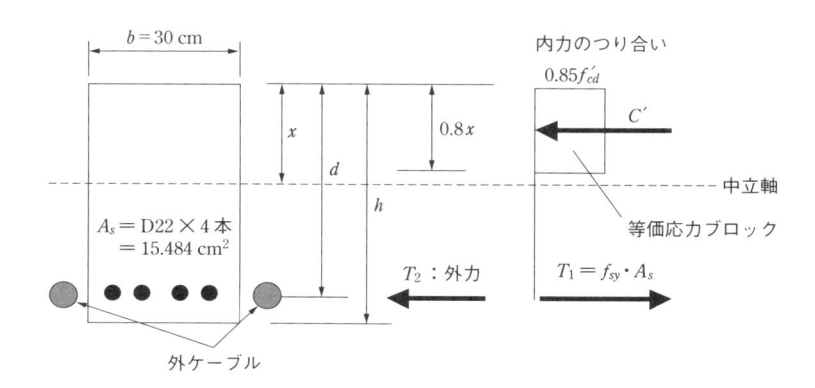

終局時には鉄筋が降伏していると仮定すると，断面内の力のつり合い $C = T_1$ より，

$$0.85 f'_{cd} \cdot 0.8x \cdot b = A_s f_{sy}$$
$$0.85 \cdot 30 \cdot 0.8x \cdot 300 = 1548.4 \cdot 350$$
$$x = 88.6 \text{ mm}$$

外力と内力のつり合いより，

$$M_{d2} - T_2 (d - x) = T_1 (d - 0.4x)$$
$$M_{d2} - T_2 (d - x) = A_s \cdot f_{sy} (d - 0.4x)$$
$$350000000 - T_2 (600 - 88.6) = 1548.4 \cdot 3500 (600 - 0.4 \times 88.6)$$
$$T_2 = 86.2 \text{ kN}（外ケーブル 2 本分の張力）$$

ここに，T_2 は外ケーブルによる全導入軸力（外ケーブルの全張力）

したがって，外ケーブル 1 本当たりに導入する張力は，

$$\frac{T_2}{2} = 43.1 \text{ kN}$$

となる．

8.2.2 耐震補強

(1) 耐震補強設計

1995年1月17日に発生した兵庫県南部地震では，数多くの構造物が致命的な被害を受けた．図 **8.15** は，地震によって損傷を受けた RC 橋脚を示している．損傷した多くの RC 橋脚の調査から，その損傷の一因として，地震時の作用せん断力に対する耐荷力不足が指摘され，兵庫県南部地震を契機に耐震設計基準の改訂が行われた．1996 年に改訂された土木学会コンクリート標準示方書では，それまで「設計編」で取り扱われていた耐震設計が，新たに「耐震編」として刊行され，また道路橋示方書においても，耐震設計の見直しが行われた．表 **8.3** は，道路橋示方書改訂の変遷を示しており，大規模地震発生の度ごとに，設計基準の見直しが行われている．兵庫県南部地震以後，新しい耐震基準に適合させるために数多くの構造物に対して耐震補強工事が実施されている．しかし，これまでに経験していないような大地震が今後発生し，構造物にも被害を与えるような場合には，さらに耐震設計の見直しが行われ，耐震補強も新たに行われる可能性もある．耐震補強を行う場合，設計基準の対象となる構造物に適用された設計基準や現在までに改訂された耐震基準の変遷も考慮して，補強設計を行う必要がある．

耐震設計の基本は，設計地震水平力が構造物に作用した場合に，構造物の各断面に働く作用力 S が，それに対応する抵抗力 R を超えないように断面を決定することである．すなわち，設計では各断面において，

図 8.15 地震によりせん断損傷した橋脚 [3]

表8.3　道路橋における耐震設計基準の変遷[6]

年	地震発生等	道路橋における耐震設計基準
1891年 1923年	濃尾地震（M8.0直） 関東大震災（M7.9海直）	設計震度0.1
1939年		設計震度0.2
1943年 1944年 1945年 1946年 1948年	鳥取地震（M7.2直） 東南海地震（M7.9海） 三河地震（M6.8直） 南海地震（M8.0海） 福井地震（M7.1直）	SMAC開発・耐震コード
1956年		設計震度0.1～0.35
1964年 1968年	新潟地震（M7.5海） 十勝沖地震（M7.9海）	
1971年		設計震度0.1～0.24　修正震度法
1978年	宮城県沖地震（M7.4海）	
1980年		新耐震設計法案　変形性能照査
1983年	日本海中部地震（M7.7海）	
1990年		耐震設計スペクトルの見直し，動的解析，保有水平耐力，3倍の地震力を考慮，1gの応答，制振構造の研究と建設
1992年		道路橋の免震設計マニュアル
1993年 1944年 1955年	釧路地震（M7.8海） 北海道南西沖地震（M7.8海） 北海道東方沖地震（M8.1海） 三陸はるか沖地震（M7.5海） 兵庫県南部地震（M7.2直）	
1996年		レベル1地震動（震度法レベル）およびレベル2地震動（関東大震災・兵庫県南部地震レベル）の両ケースの照査

（　）内はMはマグニチュード，海は海洋型地震，直は直下型地震

$$\frac{S}{R} \leq 1.0$$

となることが照査される．

耐震補強設計は，一般に以下のプロセスで行われる．

① 既設構造物に関する情報を収集する（情報とは，すなわち設計時に適用された設計基準，設計計算書，構造図，配筋図などをいう）．

② 設計情報から構造物の性能を確認する．既設構造物に関する情報が不十分である場合には，当時の設計を復元して，構造物の性能を推定することが必

要になる.

③ 構造物の全体系に設計水平地震力を作用させて安全性の照査を行い,作用力が抵抗力を上回る箇所を確認する.

④ 作用力が抵抗力を上回らないようにするために,抵抗力を増加させるか,あるいは作用力を小さくするための方策を検討する.

⑤ 構造物全体系に現行基準に基づく設計水平地震力を作用させ,作用力が抵抗力を超えないことを確認する.

(2) **橋梁の耐震補強事例**

橋梁の全体系に現行の基準に基づく設計地震水平力を作用させた場合,橋脚への負担が大きくなり,耐力が不足する場合がある.橋脚の断面の耐力を増加させる方法としては,① RC 巻立工法,②鋼板巻立工法,③ CFRP 巻立工法などがある.また,既設橋梁構造物の構造系を変更することにより,入力地震動による作用力を低減する方法として,支承を免震支承に取り替えて橋梁構造の免震化を図る方法がある.以下に各工法の概要を紹介する.

(a) 鉄筋コンクリート(RC)巻立工法

RC 巻立工法は,図 **8.16** に示すように既設橋脚を鉄筋コンクリートで巻き立

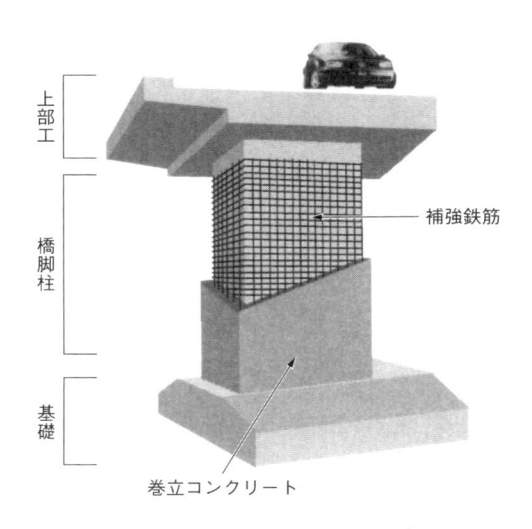

図 8.16 RC 巻立工法の概要 [4]

図 8.17　RC 巻立工法による補強前後の状況[5]

てる工法である．この工法の主な目的は，既設橋脚内の鉄筋段落とし部の補強および橋脚の靭性の向上である．また，フーチングへのアンカー定着した場合は橋脚躯体の曲げ耐力の向上を図ることができる．高速道路の場合，巻立厚さ 25 cm を標準とし，経済性と維持管理面で有利であるため RC 橋脚の標準的な耐震補強工法としている．しかし，断面増加が大きいため，河川の阻害率や交差する鉄道や道路の建築限界の制限を受ける箇所などでの採用は難しいことがある．また，RC 巻立てによる橋脚の自重の増加は無視できなくなり，固有周期の変化による構造系の地震応答の変化も補強設計では考慮しておく必要がある．**図 8.17** には，既設橋脚を RC 巻立工法で施工した事例を示している．

(b)　鋼板巻立工法

鋼板巻立工法は，**図 8.18** に示すように橋脚躯体全周に鋼板を巻き立て，既設橋脚との間に充填材として無収縮モルタルを充填して補強部材である鋼板との一体化を図る工法である．この工法の主な目的は，RC 巻立工法と同様に既設橋脚内の鉄筋段落とし部の補強および橋脚の靭性の向上である．また，フーチングへのアンカー定着した場合は橋脚躯体の曲げ耐力の向上を図ることができる．経済性および維持管理面で RC 巻立工法に劣るが，断面増加を約 4 cm 程度に抑えることが可能であり，交差条件の厳しい箇所では有利となる．本工法では，巻き立てた鋼板が橋脚を横方向から拘束することにより補強効果が得られるために，溶接部の十分な強度を確保することが重要である．したがって，現場では溶接部の品質管理が特に入念に行われている．**図 8.19** には，既設橋脚を鋼板巻立工法で施工した事例を示している．

(c)　炭素繊維シート (CFRP) 巻立工法

CFRP (Carbon Fiber Reinforced Plastic Sheet) 巻立工法は，**図 8.20** に示す

8.2 補強工法の事例

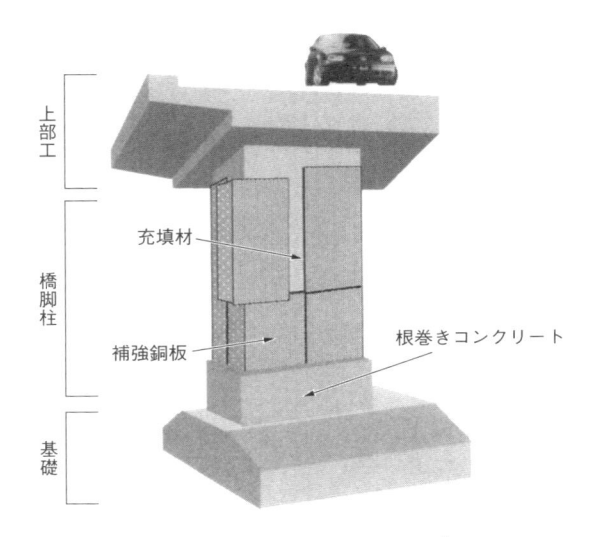

図 8.18 鋼板巻立工法の概要[4]

図 8.19 鋼板巻立工法の施工状況と補強後の状況[5]

ようにシート状に加工された炭素繊維に樹脂を含浸させながら橋脚に巻き立てて貼り付ける工法である．この工法の主な目的は，既設橋脚内の鉄筋段落とし部の補強および橋脚の靭性の向上である．本工法は，主として支承条件が可動支承となる橋脚において，橋脚高さの中程の鉄筋段落とし部でのせん断破壊を避け，橋脚下端の曲げ破壊を先行させるための補強工法として採用されている．炭素繊維シートは，繊維方向に対して力を発揮する．したがって，**図 8.21** に示すように，曲げ補強に対しては軸方向に，せん断補強に対しては横方向に炭素繊維シートを貼り付けて，所定の強度増加を図っている．この工法は，軽量で施工性がよい，

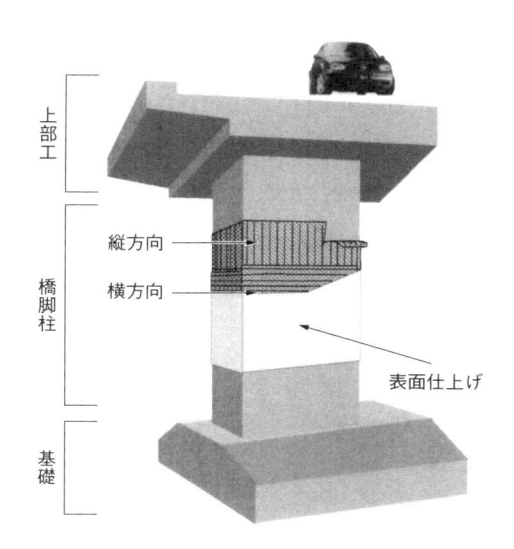

図 8.20　CFRP 巻立工法の概要 [4]

図 8.21　CFRP 巻立工法の施工状況 [5]

補強厚さが薄いため交差条件の厳しい箇所での施工に適する，死荷重の増加がほとんどない，他の工法に比較して工期短縮が図れるなどの長所があるが，一方で含浸樹脂は温度・湿度の影響を受けやすい，他の工法に比べて高価となるなどの短所もある．図 8.21 に CFRP 巻立工法の施工事例を示す．

（d）　免震支承取替え工法

　兵庫県南部地震以降，免震ゴム支承の開発により橋梁を免震構造とする技術が発展してきた．図 8.22 に示すように固定支承と可動支承から成る構造系の橋梁

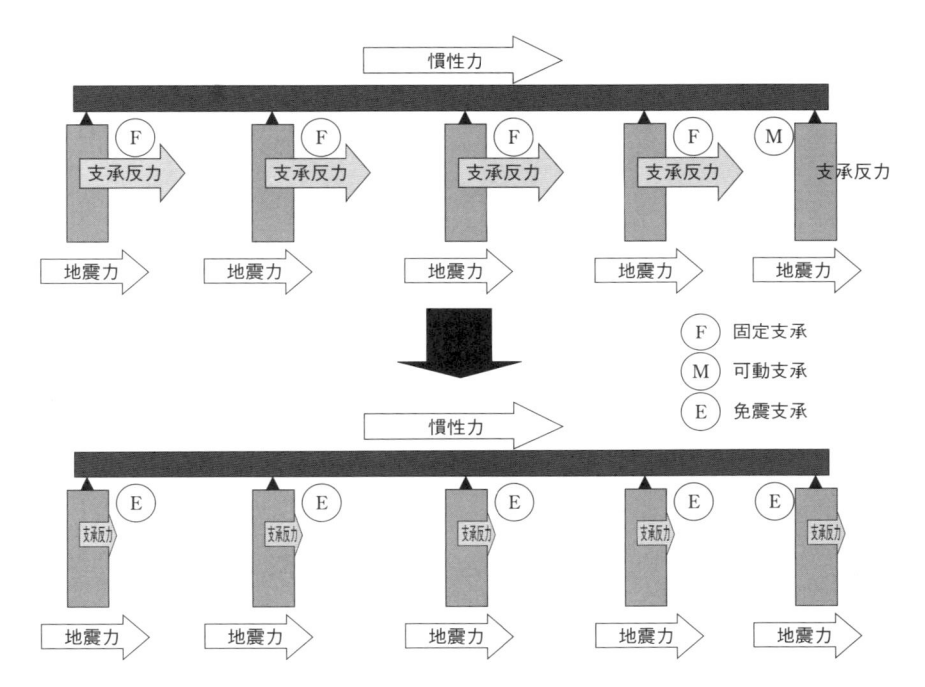

図 8.22 免震支承取替え工法の概要

を免震支承に取り替えて橋梁の支承条件を変更することにより，地震により橋脚に作用する慣性力の低減を図る方策も採られている．

免震支承は，橋梁の上部構造を下部構造とつなぐゴム製の受け台のことである．その種類としては，積層ゴムの中に鉛の柱を埋め込み鉛が変形することにより衝撃エネルギーを吸収する支承と，積層ゴム自体に減衰効果を有する高減衰ゴムを使用し，ゴムが変形することにより衝撃エネルギーを吸収する支承とがある．

コンクリート桁は鋼桁に比較して重量が大きいため，桁から橋脚に伝達される慣性力が大きくなる．コンクリート桁に免震支承を採用することは，橋脚に作用する慣性力を吸収・低減するのに有効である．コンクリート桁を支える免震支承を図 8.23 に示す．免震支承の構造は，免震ゴムの上下面の鋼製プレートでコンクリート桁と RC 橋脚にアンカーで定着し，免震ゴムがせん断変形することで地震による桁の水平方向の慣性エネルギーを吸収する．免震ゴムの中には，薄い鋼板とゴムが互層に配置されており，重い桁の重量を支えたときの免震ゴムのはら

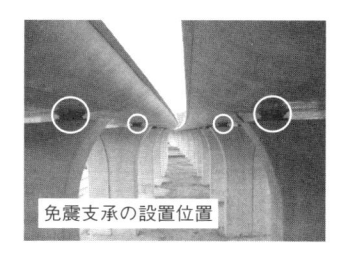

図 8.23 コンクリート桁を支える免震支承[5]

表 8.4 鋼製支承の種類

ベアリングプレート支承	ピン支承	ローラー支承

み出しを防ぐ構造となっている．免震ゴムは紫外線による劣化を想定しており，劣化・損傷した場合に取り替えることができるよう工夫されている．また，免震支承はコンクリート桁ばかりでなく鋼桁にも適用されている．

耐久性に有利であることからゴム支承が多く用いられるようになってきた．ゴム支承の他には，鋼製のベアリングプレート支承，ピン支承，ローラー支承などがある．**表 8.4** に鋼製支承の外観を示す．ベアリングプレート支承は，橋軸方向の回転と移動を許すもの，および回転のみを許すものがある．ピン支承は，橋軸方向の回転のみを許す構造となっている．ローラー支承は，橋軸方向の回転と移動を許す構造となっている．

例題 3（CFRP 巻立工法によるせん断補強）

設計当初，終局時の設計せん断力 $S_{d1} = 300$ kN で設計された RC 矩形断面の柱において，設計基準の見直しに伴い，終局時の設計せん断力が $S_{d2} = 350$ kN となった．設計条件変更に伴い，せん断耐力不足を補うために RC

断面を炭素繊維シートで巻き立てる場合，必要とされる炭素繊維シートの厚さを求めなさい．

ただし，せん断ひび割れは部材軸に対して45°に入ると仮定するものとする．コンクリート，鉄筋および炭素繊維シートに関する物性値として，以下の値を用いるものとする．

- コンクリートの設計圧縮強度：$f'_{cd} = 30 \text{ N/mm}^2$
- 帯鉄筋の降伏点強度：$f_{wy} = 350 \text{ N/mm}^2$
- 炭素繊維シートの引張強度：$f_{sf} = 3\,400 \text{ N/mm}^2$
- 安全係数はすべて1.0とする．

（1）設計当初　　　　　　　　（2）補強設計

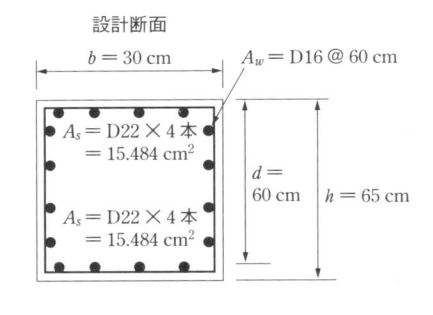

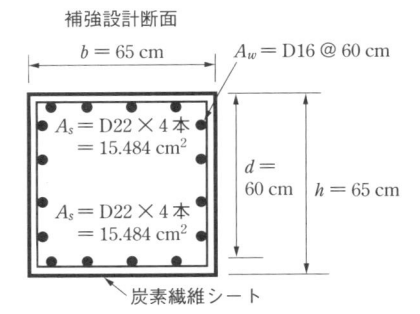

設計断面
- $b = 30$ cm
- $A_w = $ D16 @ 60 cm
- $A_s = $ D22×4本 $= 15.484$ cm^2
- $A_s = $ D22×4本 $= 15.484$ cm^2
- $d = 60$ cm
- $h = 65$ cm

補強設計断面
- $b = 65$ cm
- $A_w = $ D16 @ 60 cm
- $A_s = $ D22×4本 $= 15.484$ cm^2
- $A_s = $ D22×4本 $= 15.484$ cm^2
- $d = 60$ cm
- $h = 65$ cm
- 炭素繊維シート

（3）使用材料の力学的特性

- コンクリートが受け持つせん断力：$V_{cd} = \beta_d \cdot \beta_p \cdot \beta_n \cdot f_{vcd} \cdot b \cdot d$

$f_{vcd} = 0.2 (f'_{cd})^{1/3}$ 〔N/mm^2〕　　ただし，$f_{vcd} \leq 0.72$ 〔N/mm^2〕

$\beta_d = \left(\dfrac{1}{d} \right)^{1/4}$ 〔d：m〕　　ただし，$\beta_d > 1.5$ となる場合は1.5

$\beta_p = (100 P_w)^{1/3}$　　　　　　　ただし，$\beta_p > 1.5$ となる場合は1.5

$p_w = \dfrac{A_s}{b \cdot d}$

$\beta_n = \dfrac{1 + M_0}{M_d}$

M_d：設計曲げモーメント

M_0：設計曲げモーメント M_d に対する引張縁において，軸方向力に

第 8 章　補強工法概論

　　　　　　　　　　よって発生する応力を打ち消すのに必要な曲げモーメント
・帯鉄筋が受け持つせん断力：$V_{sd} = A_w \cdot f_{wy} \cdot z/s$
　　f_{wy}：帯鉄筋の設計降伏強度
　　A_w：1 組の帯鉄筋の断面積
　　z：圧縮応力の合力の作用位置から引張鋼材図心までの距離 $\left(\dfrac{d}{1.15}\right)$
・炭素繊維シートが受持つせん断耐力：$V_{cfd} = f_{cf} \cdot (t_{cf} \cdot 2) \cdot z$
　　f_{cf}：炭素繊維シートの引張強度
　　t_{cf}：炭素繊維シートの厚さ

解答 3

（1）設計当初

　コンクリートの受け持つせん断力を求める．

$$f_{vcd} = 0.2(30)^{1/3} = 0.621 \text{ N/mm}^2 \leq 0.72 \text{ N/mm}^2$$

$$\beta_d = (1/0.6)^{1/4} = 1.136 \leq 1.5$$

$$\beta_p = (100 P_w)^{1/3} = \left(\dfrac{100 \cdot 15.484}{65 \cdot 60}\right)^{1/3} = 0.735 \leq 1.5$$

$\beta_n = 1$ （軸方向力がないため）

コンクリートが受け持つせん断力 V_{cd} は，

$$V_{cd} = \beta_d \cdot \beta_p \cdot f_{vcd} \cdot b \cdot d$$
$$= 1.136 \cdot 0.735 \cdot 0.621 \cdot 650 \cdot 600$$
$$= 202\,219.0 \text{ N} = 202.2 \text{ kN}$$

となる．

　帯鉄筋が受け持つせん断耐力を求める．

　帯鉄筋が受け持つせん断耐力 V_{sd} は，

$$V_{sd} = f_{wy} \cdot A_w \cdot z/s$$
$$= 350 \cdot 198.6 \cdot 2 \cdot 600/1.15/600$$
$$= 120\,887.0 \text{ N} = 120.9 \text{ kN}$$

となる．

　この部材のせん断耐力は，

$$V_{d1} = V_{cd} + V_{sd} = 202.2 + 120.9 = 323.1 \text{ kN} > S_{d1} = 300 \text{ kN} \quad \text{OK}$$
$$\leq S_{d2} = 350 \text{ kN} \quad \text{NG}$$

となる.

すなわち，設計当初のせん断耐力は設計せん断力を上回っていたが，見直された設計せん断力に対しては，せん断耐力が不足する結果となっている.

（2）補強設計

この部材のせん断耐力向上のために炭素繊維シートを巻き立てて補強することにする.

$$V_{d2} = V_{cd} + V_{sd} + V_{cfd} \geq S_{d2} = 350 \text{ kN}$$
$$= 202.2 + 120.9 + V_{cfd} \geq 350$$

したがって，炭素繊維シートが受け持つせん断力は，

$$V_{cfd} \geq 26.9 \text{ kN}$$

となる.

したがって，せん断力に対して必要とされる炭素繊維シートの必要厚さは，

$$t_{cf} = \frac{V_{cfd}}{f_{cf} \cdot 2 \cdot z} = \frac{26\,900}{3\,400 \cdot 2 \cdot 600/1.15} = 0.00573 \text{ mm}$$

となる.

【参考】

（1）設計当初の考え方

図はせん断耐荷機構を説明している．作用せん断力に対して，コンクリートが

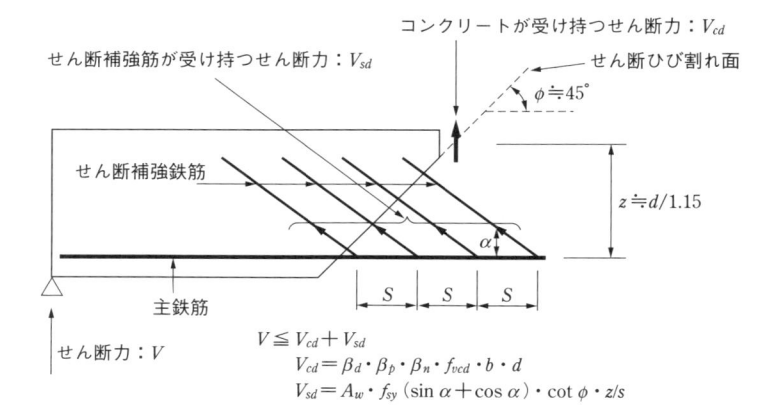

コンクリートが受け持つせん断力：V_{cd}
せん断補強筋が受け持つせん断力：V_{sd}
せん断ひび割れ面
$\phi \fallingdotseq 45°$
せん断補強鉄筋
$z \fallingdotseq d/1.15$
α
S
主鉄筋
せん断力：V

$V \leq V_{cd} + V_{sd}$
$V_{cd} = \beta_d \cdot \beta_p \cdot \beta_n \cdot f_{vcd} \cdot b \cdot d$
$V_{sd} = A_w \cdot f_{sy} (\sin \alpha + \cos \alpha) \cdot \cot \phi \cdot z/s$

受け持つせん断力 V_{cd} とせん断補強筋が受け持つせん断力 V_{sd} の和で抵抗すると考えられる図中の α は，主鉄筋とせん断補強筋のなす角度で一般に $\alpha = 90°$ でせん断補強筋は配置される．

また，ϕ はせん断ひび割れの角度を表わしており，一般には $\phi = 45°$ が仮定されている．

(2) 補強設計の考え方

図は炭素繊維シートで補強した場合のせん断耐荷機構を説明している．作用せん断力に対して，新たに炭素繊維シートか負担するせん断力 V_{cfd} がせん断耐力として加えられる．炭素繊維シートは部材軸と直角方向に貼られ，引張抵抗力として作用する．

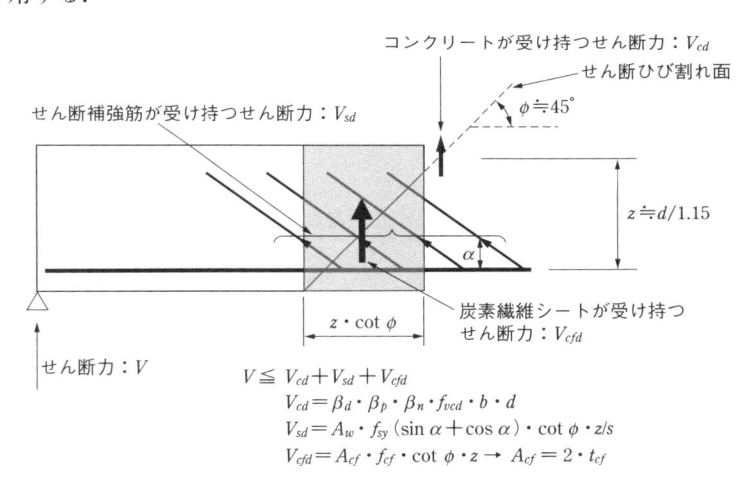

$$V \leqq V_{cd} + V_{sd} + V_{cfd}$$
$$V_{cd} = \beta_d \cdot \beta_p \cdot \beta_n \cdot f_{vcd} \cdot b \cdot d$$
$$V_{sd} = A_w \cdot f_{sy} (\sin \alpha + \cos \alpha) \cdot \cot \phi \cdot z/s$$
$$V_{cfd} = A_{cf} \cdot f_{cf} \cdot \cot \phi \cdot z \to A_{cf} = 2 \cdot t_{cf}$$

8.2.3 剛性向上のための補強事例

(1) ジョイント部の損傷および騒音・振動対策

道路建設が急速に行われた高度成長期においては，構造形式が単純で，設計・施工が容易であった静定構造が数多く採用された．そのために，この時期に建設された道路橋では，複数径間を有する橋梁においても単純桁構造となっているものが多い．単純桁の場合，桁間にはジョイントが設置される．

ジョイントは，フィンガージョイントなどの伸縮装置が用いられるが，通行車両がジョイントを通過する際に発生する桁間の振動，衝撃音などが通行車量や周

辺住民にも影響を及ぼすばかりでなく，ジョイント部は損傷を受けやすいために，定期的な取替えが行われているのが現状である．このような構造上の欠点を解消するために，桁間を連結してジョイントをなくす補強工事が行われている．

衝撃音の発生源である伸縮ジョイントをなくすために，橋梁の主桁を連結して連続桁構造にするのが主桁連結工法である．図 8.24 は，桁連結前後におけるモーメントの変化を示している．桁の連結化に伴い径間部においては曲げモーメントは減少するが，連結部においては新たに負の曲げモーメントが生じるため床版や主桁の補強が必要となる．

図 8.25 は，単純桁の連続する PC 橋において，プレストレスを導入して主桁の連結化を図っている事例を示している．この場合，プレストレスの導入は，外ケーブルを用いて行われ，外ケーブルを定着するための定着ブラケットが桁端部

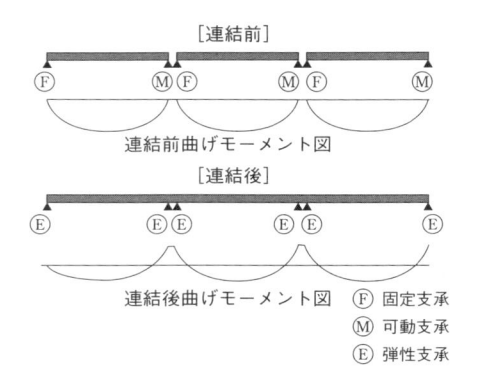

図 8.24　連結前後の曲げモーメントの変化（死荷重＋活荷重)[5]

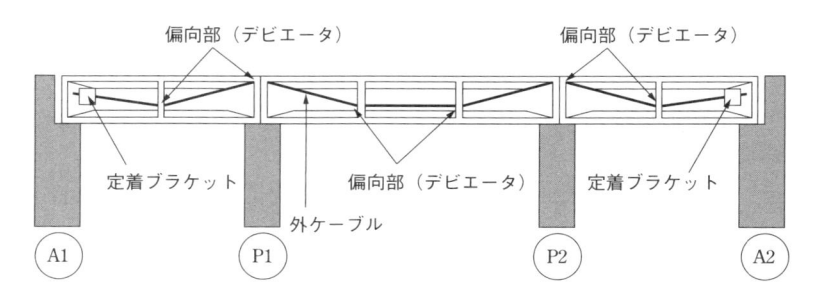

図 8.25　プレストレス導入による主桁連結工法[5]

第8章 補強工法概論

表8.5 外ケーブルの防食方法

グラウトによる防食	エポキシ樹脂被覆	ポリエチレン被覆

に設けられ，プレストレスを効果的に発揮させるためにケーブルを桁内で偏向して配置するためのデビエータが取り付けられる．

外ケーブルはコンクリートの外側に設置されるため，防食が重要となる．外ケーブルの防食方法は，**表8.5**に示すグラウトによる防食，エポキシ樹脂被覆による防食，ポリエチレン被覆による防食が多く用いられている．グラウトによる防食は，現場でのグラウト注入作業があるため現場における確認作業が重要となる．エポキシ樹脂被覆による防食は，グラウトによる被覆よりも軽量となるが，紫外線を受ける箇所では樹脂の劣化が懸念されることから，箱桁内部の外ケーブルに適用される．ポリエチレン被覆による防食は，樹脂を紫外線から保護するためにポリエチレンで被覆しているので，斜張橋のケーブルや主桁外面に設置する外ケーブルに多く使用されている．

（2） 鋼橋の振動対策

鋼橋は，コンクリート橋に比べて自重が軽く，支間長が長くなることから，振動しやすい構造となり，鋼橋の振動が低周波振動の原因の1つと考えられている．低周波振動は，車両が伸縮ジョイントを通過するときの衝撃や車両通行に伴う橋桁の振動が原因と考えられるため，鋼桁端部の剛性を向上し，鋼桁が振動しにく

図 8.26　コンクリート巻立前後の状況 [5]

い構造にする補強対策が講じられる．鋼橋の振動対策としては，**図 8.26** に示すように桁端部の対傾構をコンクリートで巻き立てて，桁端部の剛性を向上させる工法が採用されている．

演習問題

① 次の文章の空欄に入る適切な言葉を下欄から選べ．下欄の言葉を重複して使用してもよい．

1) （　　　）は，既設桁に外ケーブルを配置して，一般に（　　　）の向上を図ることを目的に行われる．この工法の長所としては，補強部材による（　　　）の増加が小さいこと，維持管理が比較的容易なことが挙げられる．短所としては，外ケーブルによりプレストレスを導入しても（　　　）の向上が期待できないことが挙げられる．

2) 鋼板巻立工法は（　　　）の補強および橋脚の靱性の向上を目的に行われ，巻き立てた鋼板による横方向から補強効果が得られるように，（　　　）の十分な強度を確保することが重要である．したがって，現場では（　　　）の品質管理が入念に行われている．

3) 橋梁の免震化には，免震支承などの免震装置を用いて構造物の（　　　）を図るとともに減衰性能を高めて上部工の（　　　）を低減する方法がある．

4) CFRP 巻立工法は，（　　　）による劣化の恐れはほとんどないが，（　　　）による劣化の恐れがあるので，塗装や保護層が施される．

5) （　　　）を橋脚に適用する場合，自重の増加に伴う（　　　）の変化を耐震補強の設計に考慮する必要がある．

第8章 補強工法概論

> CFRP接着工法，変形性能の向上，材料，腐食，アルカリ，紫外線，たわみ，鋼板巻立工法，RC巻立工法，プレストレス導入工法，ひび割れ，長周期化，短周期化，固有周期，最大振幅，慣性力，曲げ耐力，曲げ剛性，溶接部，死荷重，鉄筋の段落とし部

② 下図に示すような既設PC単純ばりに荷重（等分布荷重として，w）の増加が見込まれるようになった．

この荷重の増加によるスパン中央部での下縁に引張応力が発生しないように，図に示すような外ケーブルを配置することにした．外ケーブルの総緊張力（2本を合計した緊張力）Pを求めよ．

ただし，はりの自重は無視するものとし，$e = l/50$，断面積 $A_c = l^2/30$，下縁の断面係数を $Z_t = l^3/1\,000$ とする．また，荷重増加に伴う応力の増加は，外ケーブルのみで対処することにし，既存プレストレスの影響は無視することにする．

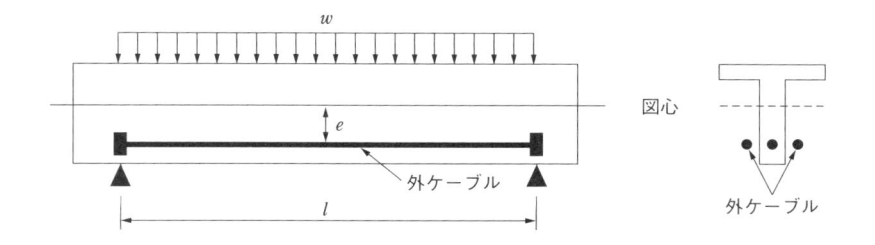

[参考文献]
1) 平林泰明, 下里哲弘, 若林登：首都高速道路の疲労損傷とその対策, 橋梁と基礎, Vol.39, No.1, pp.36-45, 2005
2) 2002年制定コンクリート標準示方書［維持管理編］, 土木学会, 2002
3) コンクリート構造物の劣化事例写真集（配付資料）, 日本コンクリート工学協会
4) 設計要領第二集 橋梁保全編, 東日本高速道路（株）, 中日本高速道路（株）, 西日本高速道路（株）
5) 中日本高速道路（株）資料
6) 資料 土木学会耐震基準等に関する提言集（第二次提言の解説部分を要約）, 日経コンストラクション, pp.54-56, 1996年9月27日号

CHAPTER 9
コンクリート構造物の診断・補修事例

第9章 コンクリート構造物の診断・補修事例

9.1　診断事例

9.1.1　診断の流れ

既設構造物の一般的な維持管理の流れを図 9.1 に示す．既設構造物の点検としては，日常点検，定期点検，詳細点検がある（地震などの異常時に行われる臨時点検を除く）．このうち，定期点検は近接目視や打音などの足場を必要とする方法が採られることから，同じく足場を必要とする詳細点検と同時に行われることもある．

本章でいう「診断」とは，上述の日常あるいは定期点検結果に基づく劣化原因の推定，性能の評価および判定，詳細点検の要否の判断，および詳細点検結果に基づく劣化予測，点検時と予定供用期間終了時の性能の評価および判定，対策の

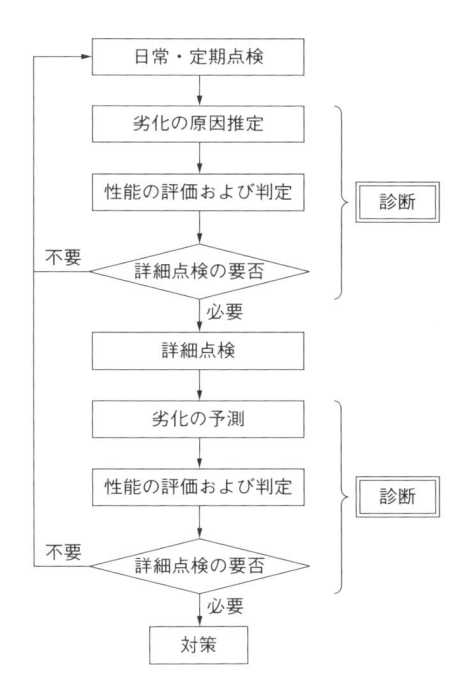

図 9.1　既設構造物の維持管理の流れと診断の位置づけ

要否の判定とする．

ここでの診断事例は，目視を中心とした日常点検に基づく「劣化の原因推定」→「性能の評価および判定」→「詳細点検の要否の判断」の流れ，および非破壊試験などを用いた詳細点検に基づく「劣化の予測」→「性能の評価および判定」→「対策の要否の判断」の流れを示す．また，後者の詳細点検については，グレーディングによる半定量的な診断と，ひずみや耐力による定量的な診断の2通りを示した．

9.1.2　対象構造物

(1)　諸元等

診断の対象は，図 9.2 に示す3径間連続 RCT 桁道路橋の主桁とする．上部構造の断面および主桁の断面をそれぞれ図 9.3 および図 9.4 に示す．また，諸元等を表 9.1 にまとめている．

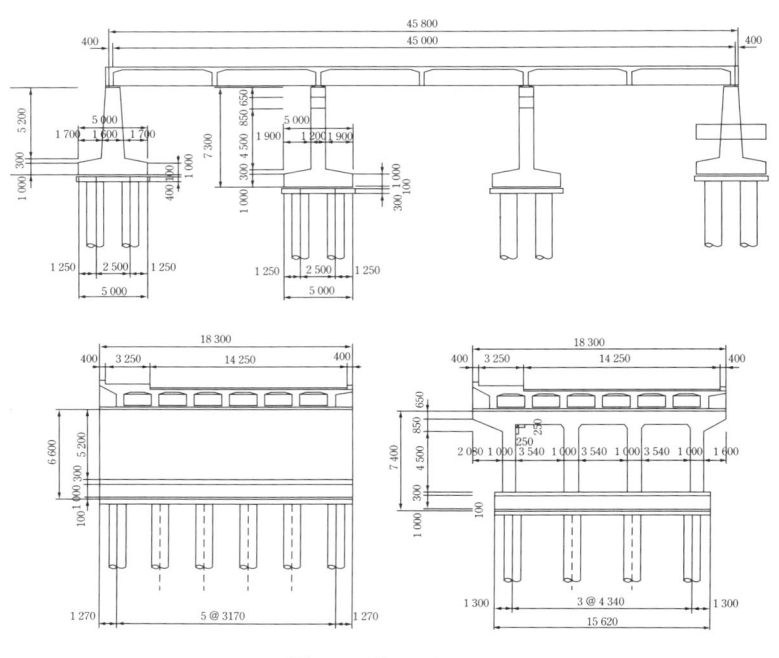

図 9.2　橋の一般形状

第 9 章　コンクリート構造物の診断・補修事例

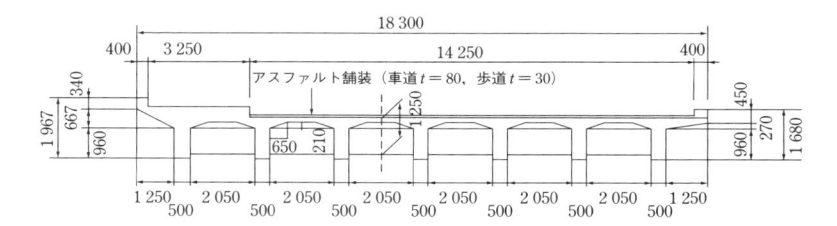

図 9.3　上部構造の断面図

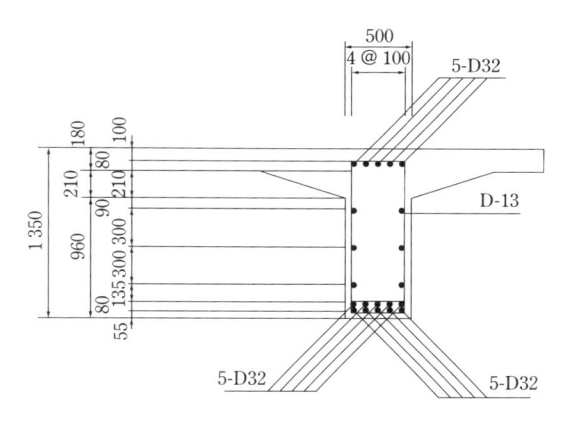

図 9.4　主桁の断面図

表 9.1　橋の諸元等

項　目	諸元等
竣工	1970 年（昭和 45 年）
構造形式	3 径間連続鉄筋コンクリート T 桁橋
橋長	45 m
支間	15 m
設計荷重	TL-20
材料規格	コンクリート σ_{ck} = 180 kgf/cm^2，鉄筋 SD30
補修履歴	なし
設計準拠規格	鉄筋コンクリート道路橋示方書 昭和 39 年（日本道路協会） コンクリート標準示方書 昭和 42 年（土木学会）
周辺環境	海岸からの距離：100 m
予定供用期間	100 年

（2） 要求性能

　対象橋は道路橋であることから，要求性能として予定供用期間終了時までの安全性および使用性，第三者影響度を選択する．安全性は耐荷力が低下しないこと，使用性は剛性が低下（変形の増大）しないものとする．第三者影響度は，浮きやはく離によってコンクリート片が落下することによる第三者への危害の可能性を考える．

第9章 コンクリート構造物の診断・補修事例

9.2 グレーディングによる劣化診断

9.2.1 日常点検

(1) 内 容

　日常点検の流れを図 **9.5** に示す．日常点検は，劣化などの有無や程度の把握を目的として行われ，点検結果から劣化原因の推定や詳細点検の要否が判断される．点検の方法は，目視や車上感覚による点検が基本となる．

　日常点検の項目，方法，対象橋での結果を表 **9.2** に示す．対象橋では，竣工から 35 年経過した時点の日常点検で，主桁に図 **9.6** に示すような橋軸方向のひび割れの発生や錆汁が確認された．

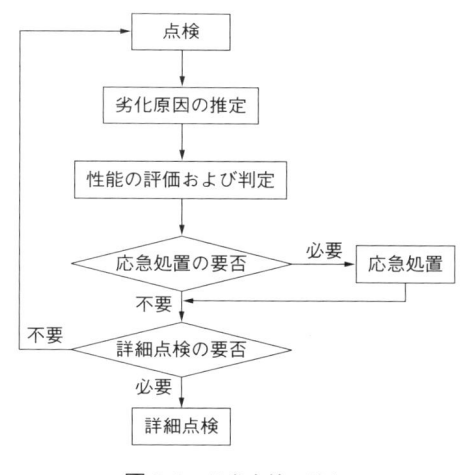

図 9.5　日常点検の流れ

表 9.2 日常点検の項目，方法・結果

項　目	方　法	結　果
ひび割れ	目視	あり
はく離・はく落	目視	あり
錆汁	目視	あり
遊離石灰	目視	なし
変色	目視	なし
漏水	目視	なし
変位・変形	目視・車上感覚	異常なし

図 9.6　対象橋の変状

（2）　劣化原因の推定

劣化の原因を例題を解きながら考える．

例題 1

点検で確認された変状や構造物の周辺環境などから劣化の原因を推定せよ．なお，中性化，塩害，凍害，アルカリ骨材反応による外観上の変状（主にひび割れ）の特徴は，およそ次のようになる（3 章，6 章を参照のこと）．
- 中性化…鉄筋軸方向のひび割れ
- 塩害……鉄筋軸方向のひび割れ
- 凍害……微細ひび割れ
- アルカリ骨材反応…亀甲状の膨張ひび割れ，拘束方向のひび割れ

解答 1

鉄筋軸方向のひび割れが確認されていることから中性化および塩害が推定されるが，海岸に近いことから塩害の可能性が高いと判断される．

（3）　評価および判定

日常点検で確認された対象橋の変状は，塩害による劣化である可能性が高いと判断された．しかし，対象橋では，設計図書などが残っておらず劣化予測を行うことができないため，劣化予測に必要な定量的なデータを得るために詳細点検が

9.2.2 詳細点検

(1) 内 容

　詳細点検での診断の流れを図 9.7 に示す．詳細点検は，劣化予測，予定期間終了時の性能に関する評価および判定を行うため，および補修・補強などの対策の検討に必要な定量的なデータを得ることを目的として実施する．詳細点検の項目，結果は表 9.3 に示すとおりである．

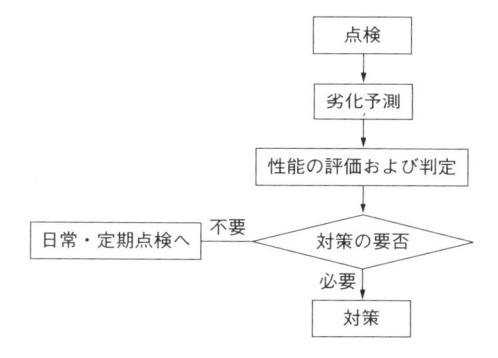

図 9.7　詳細点検の流れ

表 9.3　詳細点検の項目，方法・結果

項　目	方　法	結　果
水セメント比	配合分析	55%
セメントの種類	配合分析	普通ポルトランドセメント
塩化物イオン濃度の分布	ドリル法	図 9.8 参照
中性化深さ	フェノールフタレイン法	10 mm
かぶり	はつり，レーダ法	31 mm
鋼材の腐食状況	自然電位法	腐食度：II～V（図 9.9 参照）
圧縮強度・静弾性係数	コア採取	圧縮強度：36 N/mm^2 静弾性係数：2.3×10^4 N/mm^2

　劣化予測の前に，詳細点検の結果から劣化原因を推定する必要がある．

(2) 劣化予測

　詳細点検で得られたコンクリート中の塩化物イオン濃度の深さ方向の分布（図

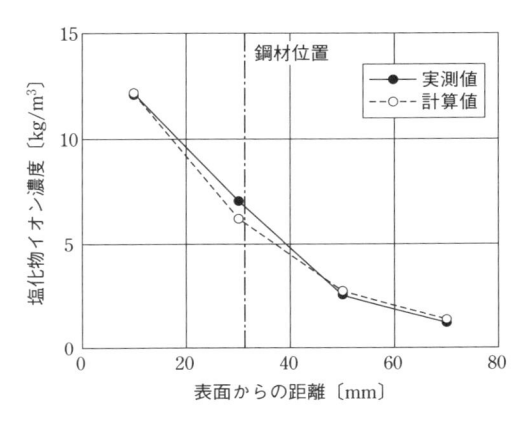

9.2 グレーディングによる劣化診断

図 9.8 塩化物イオン濃度の分布

9.8) に基づいて，塩化物イオンの拡散の予測を行う．点検結果に，式 (6.8) を適用して見かけの拡散係数 D と表面における塩化物イオン濃度 C_0 を算出すると，以下のようになる（初期塩分量は仮定）．

$D = 0.17$ 〔cm²/年〕

$C_0 = 9.0$ 〔kg/m³〕

$C_i = 0.3$ kg/m³

これらの係数を用いて，供用期間終了時（2070 年）までのかぶりにおける塩化物イオン濃度を計算すると図 **9.10** のようになる．

(3) 性能の評価および判定

(a) 要求性能と外観上のグレード

外観上のグレードを例題を解きながら考える．

> **例題 2**
>
> 対象橋が安全性や使用性を満足しているかどうかを判断するとき，基準となる外観変状のグレードを対象構造物の要求性能（9.1.2 (2)，p.207）および表 6.6（p.95）を参考に定めよ．なお，第三者影響度については，ひび割れの発生からコンクリート片の落下の有無の予測は現状では困難であることから，ひび割れを発生させないこととする．

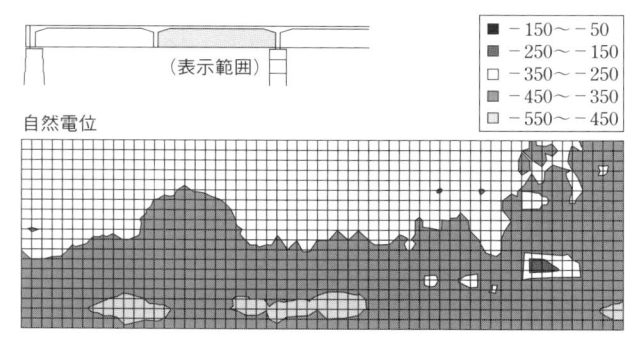

第 9 章　コンクリート構造物の診断・補修事例

自然電位

凡例：
- ■ −150〜−50
- ▨ −250〜−150
- □ −350〜−250
- ▧ −450〜−350
- ░ −550〜−450

（表示範囲）

補正した自然電位と腐食度の関係

補正自然電位（E）	腐食度
$-250\,\mathrm{mV} < E$	I
$-350\,\mathrm{mV} < E \leqq -250\,\mathrm{mV}$	II
$-450\,\mathrm{mV} < E \leqq -350\,\mathrm{mV}$	III
$E \leqq -450\,\mathrm{mV}$	IV, V

鉄筋腐食度の評価基準

腐食度	評価基準
I	腐食がなく黒皮の状態
II	鉄筋表面にわずかな点錆が生じている状態
III	鉄筋表面に薄い浮き錆が拡がって生じており，コンクリートに錆が付着している状態
IV	やや厚みがある膨張性の錆が生じているが，断面欠損は比較的少ない状態
V	鉄筋全体にわたって著しい膨張性の錆が生じており，断面欠損がある状態

図 9.9　自然電位法における腐食度の評価基準

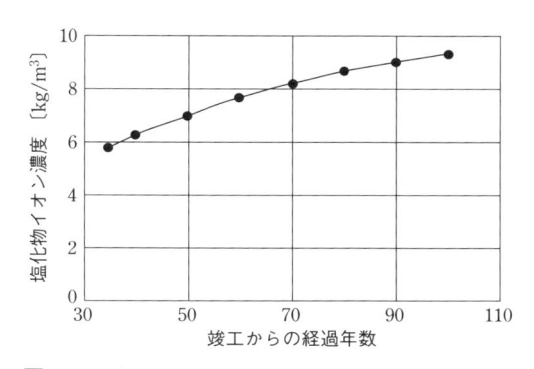

図 9.10　鋼材位置における塩化物イオン濃度の変化

9.2 グレーディングによる劣化診断

解答2

要求性能と外観上のグレードは下表のようになる．

要求性能	外観上のグレード
安全性	
使用性	状態Ⅱ-2（加速期後期）以前にあること
第三者影響度	

鋼材の腐食に伴う断面積の減少や，コンクリートの浮き・はく離に伴う断面積の減少は耐荷力や剛性の低下（変形の増大・振動の発生），第三者への危害につながる可能性があることから，安全性・使用性・第三者影響度に対する外観上のグレードは状態Ⅱ-2（加速期後期）以前にあることになる．

(b) 評価および判定

ⅰ) 点検時の評価および判定

例題3

点検結果から外観上のグレードを評価し，点検時の要求性能の判定を行え．

解答3

ひび割れ，錆汁，部分的なはく離・はく落が確認されていることから，点検時の外観上のグレードは状態Ⅱ-2（加速期後期）と評価する．したがって，安全性能，使用性能，第三者影響度に関する要求性能は満足されていない．

ⅱ) 予定供用期間終了時の評価および判定

鋼材の腐食速度に関するデータが得られておらず詳細な劣化予測は困難であるが，点検時でもコンクリート中の塩化物イオン濃度は高く，予定供用期間終了時には加速期後期から劣化期にあると評価され要求性能は満足しない．したがって，対策が必要であると判断する．

9.3 対　　策

　まず，対策の選定を行う．対象橋の外観上のグレードは加速期後期（II-2）であることから，コンクリート標準示方書［維持管理編］の基準では，対策として点検強化，補修，供用制限の選択が可能であるが，以下の理由から対策法として補修を選定する．
- 第三者影響度に関するはく落の発生・拡大は点検強化だけでは予測・評価できないこと．
- すでに多量の塩化物イオンが浸透していること，腐食ひび割れからの塩化物イオンの侵入によって鉄筋の腐食がさらに加速されると予想されること．

例題 4

　適切な補修工法を選定せよ．なお，補修の目的は，コンクリート表層から鋼材周辺までの塩化物イオンを除去すること，今後の塩化物イオンの浸透を抑制することにする．補修の範囲は，図に示す桁（支間長さ 15 000 mm）の側面と底面を想定する．

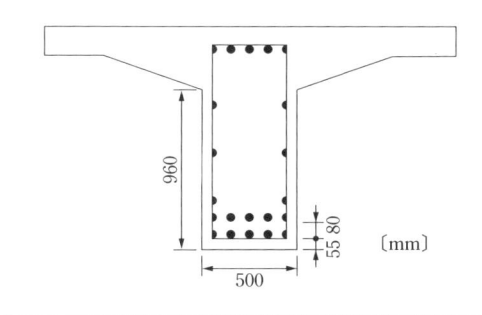

解答 4

　塩分の除去が可能な断面修復工法のうち，広範囲に適した充填工法と，塩分の侵入抑制が可能な表面被覆工法を選定する．

9.4 定量的な評価による劣化診断

9.4.1 詳細点検

(1) 内 容

9.2節では，グレーディングによる劣化診断を行ったが，以下では，定量的な方法による劣化診断について例題を通して見ていく．

対象橋や要求性能は9.1節と同様とする．また，9.2.1項と同様に，竣工から35年経過した時点の日常点検で，主桁に橋軸方向のひび割れの発生や錆汁が確認されたものとする（図9.6）．日常点検結果に基づいて，使用性や安全性に関する定量的な評価・判定を行うために詳細点検を実施するものとした．

使用性については，鉄筋応力度が許容ひび割れ幅から定まる応力度以下であること，あるいは許容引張応力度以下であることを照査する．安全性については，主桁の曲げ耐力と設計曲げ耐力との比較を行う．第三者影響度については，コンクリートのはく落を定量的に評価することは現状では不可能なため，ここでは対象としない．照査する要求性能と指標を**表9.4**に示す．また，要求性能に関する

表9.4 要求性能と照査の指標

照査する要求性能	指標
使用性	許容ひび割れ幅から定まる鉄筋応力度 許容応力度
安全性	曲げ耐力

表9.5 詳細点検の項目，方法・結果

項目	方法	結果
かぶり	はつり，レーダ法	31 mm
鋼材の腐食状況	自然電位法	腐食度：II〜V（図9.9参照）
圧縮強度・静弾性係数	コア採取	圧縮強度：36 N/mm^2 静弾性係数：2.3×10^4 N/mm^2
引張鉄筋ひずみ	載荷試験	75μ（設計荷重相当の総重量） 196 kN（前輪 54 kN，後輪 142 kN ダンプ走行時）

図9.11 車両による載荷試験

評価に必要な点検項目は**表9.5**のようになる．なお，載荷試験は，設計荷重相当の大型車を走行させることで実施している（**図9.11**）．

(2) **性能の評価および判定**
(a) **設計曲げモーメント**
- 死荷重による曲げモーメント：$M_p = 741$ kN·m
- 活荷重（TL-20）による曲げモーメント：$M_r = 808$ kN·m
- 設計曲げモーメント：$M_d = M_p + M_r = 1549$ kN·m

(b) **使用性の評価・判定**

コンクリート標準示方書［設計編］では，対象橋のように鋼材の腐食に有害な影響を与える「腐食性環境」では，許容ひび割れ幅は $0.004c$（c：かぶり）と定められている．また，曲げひび割れ幅の算定式として式(9.1)が示されている．

$$w = k\{4c + 0.7(c_s - \phi)\}\left(\frac{\sigma_{se}}{E_s} + \varepsilon'_{cs}\right) \tag{9.1}$$

ここに，k：鋼材の付着性状の影響を表す定数．異形鉄筋の場合 1.0．
　　　　c：かぶり〔cm〕
　　　　c_s：鋼材の中心間隔〔cm〕
　　　　ϕ：鋼材径〔cm〕
　　　　ε'_{cs}：コンクリートの乾燥収縮，クリープによるひび割れ幅の増加を考慮するための数値．一般の場合 150×10^{-6}．
　　　　σ_{se}：鉄筋応力度の増加量〔N/mm^2〕

上式で，鉄筋応力度の増加量は，死荷重と活荷重による鉄筋応力度とする．図

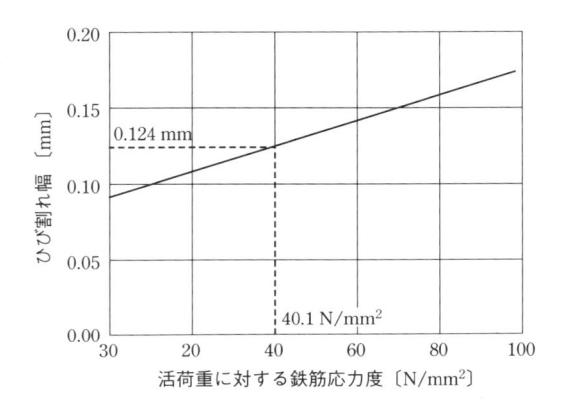

図 9.12 活荷重に対する鉄筋応力度の増加量とひび割れ幅の関係

9.12には，鉄筋応力度の増加量とひび割れ幅の関係を示している．鉄筋応力度は活荷重に対するものを示しており，横軸が 0 のときが死荷重の作用を意味している．許容ひび割れ幅は $c = 31$ mm とすると，$0.004 \times 31 = 0.124$ mm となり，そのときの活荷重に対する鉄筋応力度は 40.1 N/mm^2 となる．設計荷重相当の車両を走行させたときの鉄筋の応力は，載荷試験時のひずみに鋼材の弾性係数を乗じて $75 \times 10^{-6} \times 206$ kN/mm^2 = 15.5 N/mm^2 となり，許容ひび割れ幅から定まる鉄筋応力度以下であることから使用性は満足しているものと判断する．

(c) 安全性の評価・判定

鋼材の腐食速度，腐食による強度や弾性係数に関するデータが得られていないことから，詳細な評価や劣化予測はできない．そこで，簡便的に，下段の鉄筋が腐食していると仮定したときの曲げ耐力と現行基準での設計曲げ耐力との比較から安全性の評価を行う．図 **9.13** に示すように，下段の鉄筋が全て腐食して荷重に抵抗しないと仮定しても，設計曲げモーメントに対して余裕があり，点検時の安全性は満足すると判断する．

なお，供用期間終了時の安全性は，定量的な劣化予測が困難であることから評価できない．

第9章 コンクリート構造物の診断・補修事例

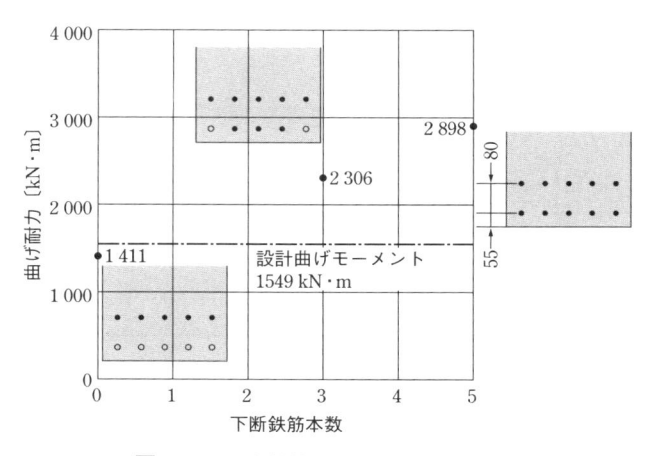

図9.13 下段鉄筋本数と曲げ耐力の関係

9.5 補修事例

9.5.1 概　要

本節では，導水路トンネルの覆工コンクリート，道路橋の橋台コンクリート，擁壁等のコンクリート構造物で発生したジャンカや鉄筋かぶり不足などの変状と，発生原因の推定，講じた対策工法の概要について紹介する．

9.5.2　事例1：導水路トンネルに発生した初期欠陥に関する対応事例

（1）　概要と変状

ここで紹介する事例は，内空2 m，覆工厚250 mmのNATM工法で施工された有筋の導水路トンネルである．図**9.14**に標準断面図を示す．覆工コンクリートは，セントル台車を使用し，24-12-20BBのコンクリートを打設した．覆工コンクリート打設後に確認された変状は，ジャンカである．

（2）　変状の発生原因の推定

ジャンカとは，一般的に打設されたコンクリートの一部がセメントペースト，モルタルの廻りが悪く粗骨材が多く集まってできた空隙の多い不良部分であると定義されている[1]．図**9.15**に導水路の覆工コンクリートで確認されたジャンカの状況を示す．発生原因は，コンクリートの締固め充填性の不足，材料分離など

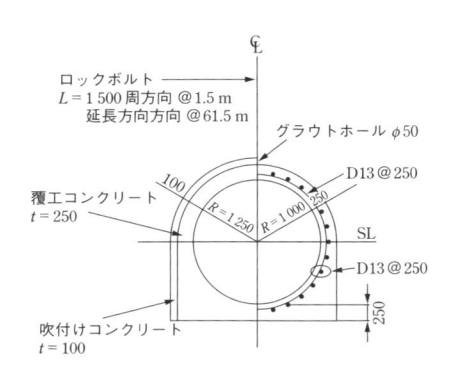

図9.14　標準断面図

であると考えられた．

（3） 対策工法の選定

一般的にコンクリートに発生したジャンカについては，その程度により補修する方法を変える必要がある．**表 9.6** にジャンカ等級別の補修方法を示す[1]．ここで確認されたジャンカは，等級 B～D に該当するものがあるため等級に応じた対策工法を採用することとした．基本的に不良な部分をはつり取り，ポリマーセ

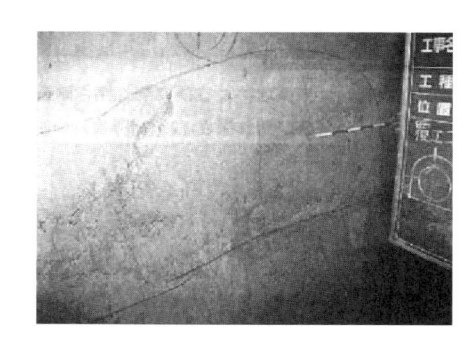

図 9.15　ジャンカの状況

表 9.6　ジャンカ等級に応じた補修方法[2]

等級	ジャンカの程度	深さの目安	補修方法
A	砂利が表面に露出していない		
B	砂利が露出しているが，表層の砂利を叩いてもはく落することはなく，はつり取る必要がない程度	10～30 mm	ポリマーセメントモルタルなどを塗布
C	砂利が露出し，表層の砂利をたたくとはく落するものもある．しかし，砂利同士の結合力は強く連続的にバラバラとはく落することはない	10～30 mm	不良部分をはつり取り，健全部を露出，ポリマーセメントペーストなどを塗布後，ポリマーセメントモルタルを充填
D	鋼材のかぶりからやや奥まで砂利が露出し，空洞も見られる．砂利同士の結合力が弱まり，砂利をたたくと連続的にバラバラとはく落することもある	30～100 mm	不良部分をはつり取り，健全部を露出，無収縮モルタルを充填
E	コンクリートの内部に空洞が多数見られる．セメントペーストのみで砂利が結合している状態で砂利をたたくと連続的にバラバラとはく落する	100 mm 以上	不良部分をはつり取り，健全部を露出．コンクリートで打ち換える

メント系断面修復材で修復した後，長期の耐はく離・はく落性を確保するためメッシュとアンカーを併用した表面被覆工法で補修することとした．

(4) 補修対策

図 **9.16** にジャンカ部を対象とした断面修復工法と表面被覆工法の施工フローを，図 **9.17** に施工状況を示す．

7章で記述したように，表面被覆工のうち，はく落対策として設置したメッシュは，耐アルカリ性とセメントとの親和性に優れたビニロンメッシュを使用し，これを挟む保護工には無機系であるポリマーセメントモルタルを使用した．

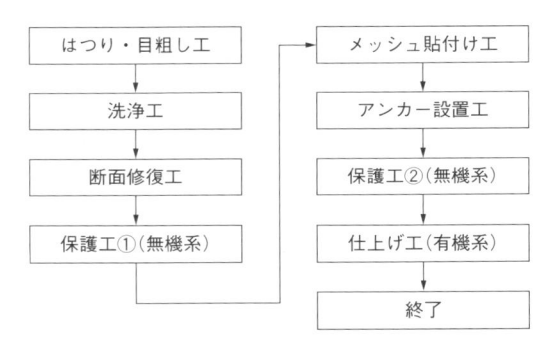

図 9.16 施工フロー

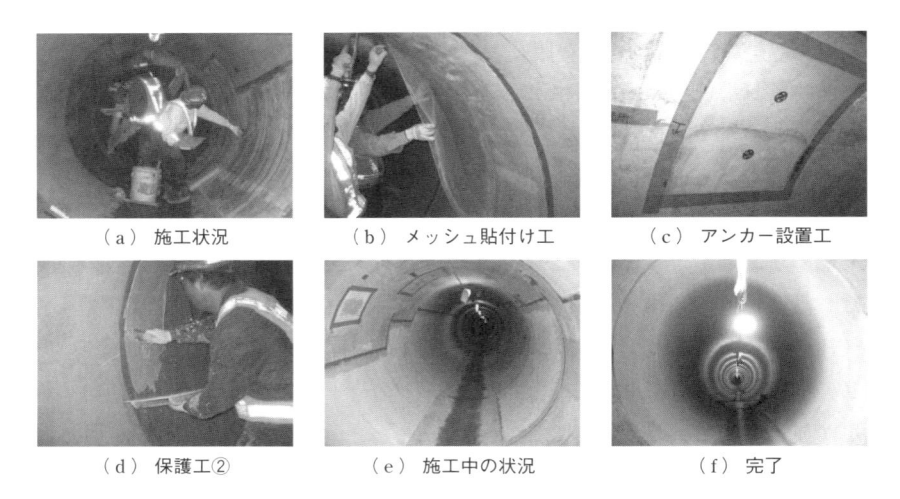

(a) 施工状況
(b) メッシュ貼付け工
(c) アンカー設置工
(d) 保護工②
(e) 施工中の状況
(f) 完了

図 9.17 施工状況

また，約 50 cm 間隔で径 6 mm，埋込長さ 40 mm のアンカーを耐はく離・はく落対策として設置した．

(5) まとめ

一般的な山岳トンネルも含めてセントル型枠などを使用して覆工コンクリートを打設する場合，その形状から締固め作業が困難な場合が多い．特に今回のような内空が非常に小さいトンネルでは，事前にバイブレータの種類や挿入位置について十分な検討を行い，ジャンカなどの初期欠陥が発生しないように施工することが大切である．また，表面被覆工法などの施工に際しては，対象となるコンクリートの状態，例えば漏水の有無や施工時の温度や湿度などを十分に把握したうえで各工程における施工計画を確実に守って施工することが重要である．

9.5.3 事例 2：橋台コンクリートで発生したかぶり不足に関する対応事例

(1) 概　要

ここで紹介する事例は，道路橋の橋台築造工事において発生した鉄筋のかぶり不足についてである．ここでは，その発生原因を推定し，構造的な影響を確認したうえで有効な補修対策工法を選定して補修した内容について紹介する．

(2) 変状と発生原因分析

図 9.18 にかぶり（厚さ）が確認された橋台のパラペット部の概要を示す．脱型後，電磁誘導法による鉄筋のかぶり（厚さ）の測定の結果，規定の許容最小かぶり（厚さ）70 mm に対して，最小 62 mm のかぶり（厚さ）が計測され，構造耐力の確認とともに期待耐用年数の確保を目的とした補修対策法を検討することとなった[2]．

鉄筋のかぶり不足はいくつかの要因が重なって発生したものと考えられる．例えば，鉄筋位置の墨出し，鉄筋組立，型枠組立，コンクリート打設までの一連の作業内における要因が考えられる．いくつかの要因を分析した結果，ここでは，鉄筋の固定不足，段取り筋の不足およびコンクリート打設前後の鉄筋位置の確認不足が原因であると推定された．

(3) 対策工法の選定

確認された鉄筋のかぶり不足に対する補修を行う前に，かぶり（厚さ）が設計

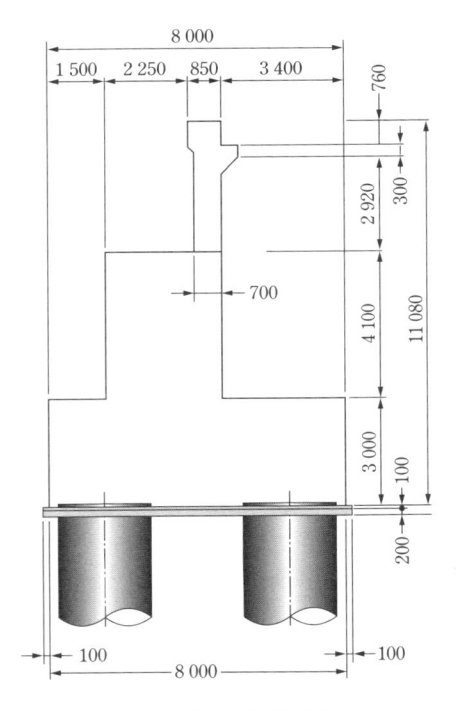

図 9.18 橋台断面図

どおりに確保されていない場合の構造耐力に及ぼす影響について確認した．課題は，有効高さが異なった場合に設計部材耐力が確保されるか否かについてであり，危険側の条件における構造照査の結果，許容応力度および終局耐力ともに超過しないことを確認した．

そこで，かぶり不足に対して，耐久性の確保，特に，中性化の進行による鉄筋腐食の影響に配慮して有効な補修対策法を検討した．

一般的にかぶり不足に対する補修対策には，以下の工法が適用される場合が多い[1]．

- ポリマーセメント系材料による断面修復工法
- 有機系材料とメッシュ併用による表面被覆工法
- 浸透性改質剤による含浸工法
- コンクリートによる打換え工法

各工法の長所短所，施工性などについて検討を行い，ここでの補修は，同等の品質のコンクリートを使用した打換え工法で行うこととなった．この対策工法では，かぶり（厚さ）が不足している分だけ，対策後の出来型が若干大きくなるが，上部工を含めた構造寸法の問題が特にないことなどを確認して決定した．

（4）　補修対策

対策のフローを図 **9.19** に示す．ここでの対策の基本は，設計かぶり（厚さ）を設計されたコンクリートで確保することである．簡単には，不足した範囲に型枠を建込み，コンクリートを打設することになるが，一体性の確保が難しく，また，施工厚が薄い場合，コンクリートの充填性が確保されないといった問題が考えられた．

そこで，かぶり（厚さ）が不足した範囲を対象として，既存の鉄筋背面まで砕り取り，新たに設計かぶり（厚さ）を確保した位置に型枠を建て込み，コンクリートを打設することとした．なお，はつり作業は，エアピックなどによる人力による手砕りが一般的であるが，鉄筋や新設コンクリートとの接着界面を傷めずに除去することが可能なウォータージェット（**WJ**）工法により行った．なお，新旧コンクリートの一体性の確保，つまりコンクリートの打設，締固め作業が十分に行えるように，粗骨材の最大寸法を考慮したうえではつり深さは鉄筋背面 40 mm とした．図 **9.20** に対策状況を示す．

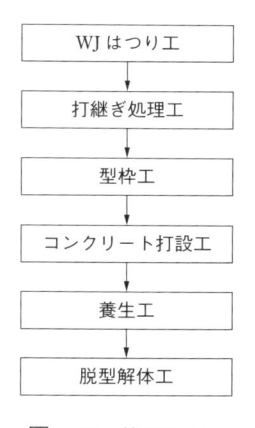

```
┌─────────────┐
│ WJ はつり工  │
└─────────────┘
      ↓
┌─────────────┐
│ 打継ぎ処理工 │
└─────────────┘
      ↓
┌─────────────┐
│   型枠工    │
└─────────────┘
      ↓
┌─────────────┐
│コンクリート打設工│
└─────────────┘
      ↓
┌─────────────┐
│   養生工    │
└─────────────┘
      ↓
┌─────────────┐
│  脱型解体工  │
└─────────────┘
```

図 9.19　施工フロー

(a) WJによるはつり作業　　(b) 打継ぎ剤塗布　　(c) 型枠設置前

(d) 型枠設置状況　　(e) コンクリート打設状況　　(f) 施工完了

図9.20　施工状況

（5）まとめ

　一般的にRC構造物の新設時に鉄筋のかぶり不足が確認された場合，その対策の基本にはいくつかの考え方がある[3]．例えば，経年的に塩害などによる対策では，劣化部を取り除くことが基本であるが，あくまでも新設時の対応は，構造上の問題を確認したうえで表面において劣化因子侵入を防止，抑制することも基本の１つである．この場合，鉄筋周辺のコンクリートは除去せず，劣化因子の遮断性を設計とおりに確保するため表面被覆工法を対策の基本とし，耐はく離・はく落性を確保するためメッシュを併用する工法を選定することが多い．しかし，今回の対策工法では，WJ工法によりかぶり部分を除去し，同じ品質のコンクリートで打ち換えた．この場合，新旧打継ぎ処理が適切であれば，長期の信頼性はほぼ設計どおりと考えてよいことになる．このように発生した不具合に対しては，構造物の使用条件や環境条件，施工性など総合的に判断して対応することが重要であると考えられる．

9.5.4　事例3：宅内擁壁で発生した鉄筋露出に関する対応事例

（1）対象構造物の概要と変状

　ここで紹介する事例は，一般住宅の宅地RC擁壁についてであり，主に中性化

第9章　コンクリート構造物の診断・補修事例

図 9.21　対象とした擁壁

図 9.22　変状の状態

と雨水の供給などによりコンクリート内部の鉄筋が腐食して変状を生じさせたものである．図 9.21 に対象構造物の概要を示す．対象とした構造物は，約 20 年前に建設された宅地擁壁コンクリートであり高さ 3.6 m，幅 12 m の L 型 RC 擁壁である．一方，変状は，図 9.22 に示すように主に擁壁の下側で確認され，ひび割れとかぶり部の浮き，一部にはく落した状況が確認された．

(2)　対策工法の選定

そこで，土木学会コンクリート標準示方書［維持管理編］[4]に従って有効な対策法を選定した．表 9.7 に構造物の外観上のグレードと劣化状態および標準的な工法を示す．これによると今回発生した不具合は鉄筋の腐食によるひび割れが顕著であり，また，一部にはく離・はく落が認められるため「状態 II-1 〜 II-2」に該当するものと考えられる．この場合，想定される性能低下は，第三者影響度，美観・景観であるが，このまま放置した場合には使用性（変形の増大，振動の発生）を低下させる可能性があり，適切な補修対策を実施する必要があると判断された．表 9.7 に従うと，当該構造物の変状に対する有効な対策法は，補修工法であり断面修復等であると考えられた．

(3)　補修対策

対象とした範囲は，約 45 m^2 であり，①設計かぶり（厚さ）を確保してコンクリートで打ち換えるか，前述のとおり②断面修復工法で設計耐用年数を確保する

9.5 補 修 事 例

表 9.7 構造物の外観上のグレートと劣化状態[4]

外観上のグレート	劣化の状態	標準的な工法
Ⅰ-1 潜伏期	外観上の変状が見られない，中性化残りが発錆限界以上	（表面処理）
Ⅰ-2 進展期	外観上の変状が見られない，中性化残りが発錆限界未満，腐食が開始	表面処理，（再アルカリ化）
Ⅱ-1 加速期前期	腐食ひび割れが発生	表面処理，（電気防食），（再アルカリ化）
Ⅱ-2 加速期後期	腐食ひび割れが多数発生，錆汁が見られる，部分的なはく離・はく落が見られる，腐食量の増大	表面処理，断面修復，（電気防食）
Ⅲ 劣化期	腐食ひび割れが多数発生，ひび割れ幅が大きい，錆汁が見られる，はく離・はく落が見られる	鋼板・FRP 接着，外ケーブル，巻立て，増厚

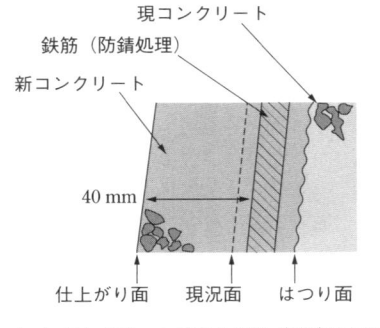

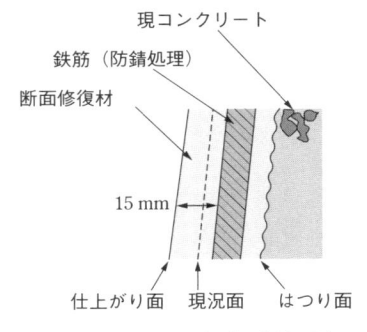

（a）コンクリート打換え工法（概略断面図）　　（b）断面修復工法（概略断面図）

図 9.23　補修対策法の概要

ために補修するか，の 2 工法が考えられた．図 9.23 にそれぞれの施工後の想定断面を示す．①では既存断面から約 35 mm 程度仕上がり面が出ることになり，民地境界などの問題が考えられた．一方，②の方法では 10 mm 程度となり，境界への影響はないことが確認された．そこで，補修対策としては，一般的なコンクリートに比べて劣化因子の遮断性能に優れたポリマーセメント系断面修復材を適用し，周辺を含めた美観の統一化に配慮して型枠を建て込む，ポンプ打設による工法を採用することとした．なお，断面修復材で復旧するかぶり（厚さ）は，

第9章 コンクリート構造物の診断・補修事例

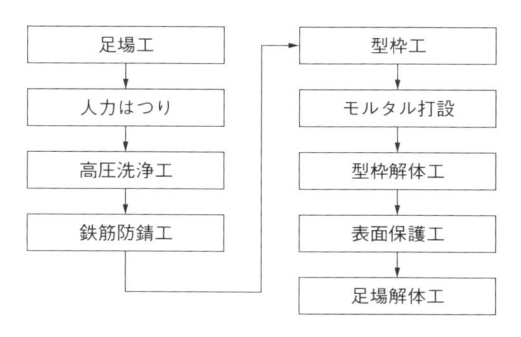

```
足場工 ──────────┐     型枠工
  ↓              │      ↓
人力はつり          │   モルタル打設
  ↓              │      ↓
高圧洗浄工          │    型枠解体工
  ↓              │      ↓
鉄筋防錆工 ─────────┘   表面保護工
                       ↓
                    足場解体工
```

図 9.24 施工フロー

（a）人力はつり工　　（b）はつり完了　　（c）鉄筋防錆処理完了

（d）型枠工　　（e）モルタル打設工　　（f）表面保護工

図 9.25 施工状況

土木学会コンクリート標準示方書［構造性能照査編］[5]などに準拠して設計かぶり（厚さ）40 mm から期待耐用年数 120 年を算出し，これに相当する断面修復材で確保するかぶり（厚さ）を 15 mm とした．図 9.24 に施工フロー，図 9.25 に施工の状況，図 9.26 に完成前後の状況を示す．

（4）まとめ

ここで，紹介した事例は，中性化と雨水など水分の供給によるコンクリート内部の鉄筋の腐食膨張が原因で発生した変状であり，特に 1960 年代以降の高度経済成長期に建設されたものに多く認められる．これには，急速施工，大量打設の

図 9.26 対策前後の擁壁の状況（左：対策前，右：対策後）

要求により生コン工場や高周波バイブレータ，アジテータトラック，圧送ポンプ車の機械化施工の導入が影響していると考えられる．今後，限られた社会資本を有効に活用するためにも，非破壊検査を始めとする診断技術の高度化が欠かせないものとなると考えられる．

[参考文献]

1) コンクリート診断技術'06［基礎編］：日本コンクリート工学協会，2006
2) 道路橋示方書・同解説 IV［下部構造編］：日本道路協会，2002
3) 鉄筋コンクリートの補修（案）：鉄道建設・運輸施設整備支援機構，2005
4) 2001年制定コンクリート標準示方書［維持管理編］：土木学会，2001
5) 2002年制定コンクリート標準示方書［構造性能照査編］：土木学会，2002

演習問題の解答

○2章

【解答例】

① 初期欠陥：施工時に発生するひび割れや豆板，コールドジョイント，砂すじなどを指す．損傷：地震や衝突等によるひび割れやはく離など，短時間のうちに発生し，その変状が時間の経過によって変化しないもの．劣化：構造物の変状のうち時間の経過に伴って変化するもの．

② 図2.3参照．

③ 初期欠陥としてのひび割れは，コンクリート構造物の劣化を招く有害因子（CO_2，Cl^-など）の侵入を容易とし，結果としてコンクリート構造物の早期劣化を招く．

④ 5mm通過分の骨材割合および実績率によって，W/C一定で同一のスランプ値を得るための単位水量が大きく変動するため，粗骨材中の粒度にばらつきがあると結果としてコンクリートの品質を管理することが極めて難しくなる（図2.6，2.7参照）．

⑤ 単位水量．

⑥ 水和反応により十分な強度を発現し，所要の耐久性，水密性，鋼材を保護する性能等の品質を有し，かつ有害なひび割れを生じないようにするために，打込み後一定期間，適当な温度のもとで，十分な湿潤状態を保ち，有害な作用の影響を受けないようにすることが目的となる．

○3章

【解答例】

① 中性化のプロセスは，炭酸ガスの侵入，炭酸化反応に伴う細孔溶液のpH低下，pH低下による鉄筋腐食の助長である．このため，コンクリート中の水は，炭酸ガスを侵入し難くするが，コンクリート中に水が存在しないと炭酸化反応および鉄筋腐食は生じない．結果として，水は中性化による鉄筋腐食にとって相反する役割を担う．

② 腐食形態は，ミクロセル腐食とマクロセル腐食に大別され，マクロセル腐食とは，アノード反応とカソード反応が異なる位置で生じている腐食形態を，ミクロセル腐食は両反応がほぼ同位置で生じ，明確に両者の位置を区分できない腐食形態のことをいう．
③ 塩化物イオンの侵入によって鉄筋周囲の不動態被膜が破壊され，鉄筋が腐食しやすくなる．
④ 正しくない．微細な細孔中に存在する水は 0 ℃以下でも凍結しない場合がある．
⑤ ASR の発生要因としては，アルカリ反応性のある骨材の使用，コンクリート中に含まれるアルカリ量の増加，コンクリートへの水分の供給であるため，基本的にはこれらの要因を排除することが対策となる．

○ 4 章
【解答例】
① 予防維持管理，事後維持管理，観察維持管理（詳細は 58，59 ページ参照）
② 安全性，使用性，第三者影響度，美観・景観（詳細は 58，59 ページ参照）
③ 初期点検，日常点検，定期点検，臨時点検（詳細は 60〜62 ページ参照）
④ 図 4.4 参照

○ 5 章
【解答例】
①
1) 自然電位法：鉄筋の腐食状況の分布の把握
2) 赤外線法：鉄筋腐食の膨張圧によるかぶりコンクリートの浮きの把握
3) デジタルカメラ法：鉄筋腐食の膨張圧によるひび割れ幅およびひび割れ分布の把握

　塩害によるコンクリート構造物の劣化は，鉄筋腐食および鉄筋腐食の膨張圧によるかぶりコンクリートの浮きあるいはひび割れである．鉄筋腐食はコンクリート構造物の耐荷性能の低下を招き，またかぶりコンクリートの浮きやひび割れの

進展ははく離・はく落の危険性を含んでおり第三者被害に大きな影響を与える．したがって，塩害で劣化したコンクリート構造物の劣化状況を非破壊検査によって把握し，今後の維持管理計画に反映させる必要がある．

　1）について：自然電位法とは，コンクリートの表面から電位勾配（自然電位）を測定して，測定時にコンクリート中の鉄筋が腐食を生ずる活性状態にあるかどうか診断する方法である．したがって，自然電位が低い場合は腐食が進行している，あるいは進行する可能性が高く，高い場合には腐食が進行していない，あるいは進行していない可能性が高いと判断される．なお，このほかに鉄筋の腐食速度を推定する分極抵抗法もあり，自然電位法と併用して，今後の鉄筋の腐食の可能性について予測することもある．

　2）について：赤外線法は，健全部と浮き部（コンクリート内部に空気層が存在）に生じるコンクリート表面の温度差によって浮き部を検出する手法である．赤外線法は，検査対象物から離れて検査することが可能なことから，検査に足場を必要とせず，広範囲な検査が可能となる．なお，かぶりコンクリートの浮きの検査方法には，直接コンクリート表面を打撃して得られる弾性波を利用して浮き部を検出する打音法や衝撃弾性波法がある．

　3）について：デジタルカメラ法は，デジタルカメラで撮影したデジタル画像を画像処理ソフトで処理し，ひび割れ幅やひび割れ分布を検出するモニタリング手法である．これまでひび割れ調査結果については紙ベースで保存されていたが，デジタルカメラ法によって，保存データの電子化が可能となった．また，自然電位法による電位分布図および赤外線画像と重ねあわせることにより，鉄筋腐食による浮き部の検出精度を向上させることも可能である．

②
1)　テストハンマー強度の試験：コンクリートの強度
2)　レーダ法：コンクリートのかぶり厚さと鉄筋の配置間隔
3)　X線法：詳細な鉄筋径

　コンクリート構造物の維持管理には，構造物の設計条件，使用材料，および施工方法等が記載された設計図書や工事記録が必要である．しかし，建設後数十年

経過した構造物の場合，それらに関する資料がほとんど残っていないのが現状である．特に設計基準の変遷に伴い，既存の構造物が変遷後の設計基準を満たしているか照査するうえで，コンクリート強度，鉄筋の配置状況，および鉄筋径の情報は必要不可欠である．

　1）について：コンクリート強度の情報を得るための試験方法には，テストハンマーを利用する方法，弾性波を利用する方法が挙げられる．テストハンマー法は，作業効率が高く比較的簡単に利用することができる．

　2）について：コンクリートのかぶり厚さや鉄筋の配置間隔の情報を得るための試験方法には，レーダ法および電磁誘導法が挙げられる．特にレーダ法については，コンクリート表面を連続的に走査して検査することが可能なことから，迅速に広範囲の検査を行う場合に有効である．

　3）について：鉄筋径の情報は，電磁誘導法等によっても情報を得ることができるが，X線法は検査精度が高いことから，詳細な鉄筋径の情報を得るためには最適な検査方法である．しかし，作業効率が他の検査方法より劣ることから，事前に検査箇所の絞込みが必要である．

○ 6章

【解答例】

①
1) 鋼製，腐食，ひび割れ
2) 固有振動数，最大振幅
3) 薄く，長い
4) 押抜きせん断
5) たわみ，固有振動数，曲げ剛性

②
　土木学会示方書維持管理編による分類（状態Ⅰ～Ⅳ）では，加速期（状態Ⅲ）の状態にある．
　この状態においては，ひび割れの網細化が進み，ひび割れの開閉やひび割れ面のこすり合わせが始まる．この段階では，ひび割れのスリット化や角落ち現象が

生じると，コンクリート断面の抵抗は期待できなくなり，床版の耐力は急激に低下し始める．したがって，何らかの対策を講じる必要があると考えられる．

③

建設当初は，最大応力度は 120 N/mm² であったので，最大応力比 S_{max}〔％〕と鉄筋の疲労破断までの繰返し回数の関係から，最大応力比は 30％ より，破壊までの回数は 300 万回（60 年）と推定される．

建設 25 年後では，最大応力度は 136 N/mm² であるので，最大応力比は 34％ より，破壊までの回数は 100 万回（20 年）と推定される．

これまでの損傷度は，$\dfrac{15}{60} + \dfrac{5}{20} = 0.5$

損傷度が 1.0 に達したときに疲労破壊すると考えられ，1.0 に達するまでの損傷度の余裕度は 1 − 0.5 = 0.5 であり，この値は，余寿命は破壊までの回数は 100 万回（20 年）の 20 × 0.5 = 10 年に相当する．

建設当初の最大応力度であれば，60 年の寿命があり，既に 20 年経過しているので，余寿命は 40 年であるが，最大応力が増加したために余寿命が 10 年に短縮することになる．

（注）複数の応力が作用する場合の疲労強度は，次式の累積回数比（マイナー則）によって評価される．

$$M = \sum_i \dfrac{n_i}{N_i}$$

ここに，n_i, N_i：応力レベル i における繰返し回数と疲労寿命

○ 7 章

【解答例】

①

1) 劣化過程と補修範囲

干満部では，鉄筋位置における塩化物イオン量が鋼材腐食発生限界塩化物イオン量の 1.2 kg/m³ を超えており，鋼材腐食を原因としたひび割れ錆汁が生じてい

ることから，加速期にあると考えられる．また，海中部および飛沫帯では，塩化物イオン量が $1.2\,\mathrm{kg/m^3}$ を超える範囲がかぶり内の鉄筋近傍であることから，潜伏期にあると考えられる．

上記のような劣化過程における補修範囲は，干満部で鉄筋背面（部材表面から $120\,\mathrm{mm}$）までとなり，海中部，飛沫帯では，鉄筋までのかぶり（部材表面から $90\,\mathrm{mm}$）までとなる．

2) 合理的な施工法とその選定理由

設問の条件では，施工面積が広範囲にわたることや，補修の対象が干満部から海中に及ぶことから，充填工法が合理的であると考えられる．充填工法では，事前に型枠を設置することによって施工を短時間で行うことが可能となる．

なお，飛沫帯については，対象となる補修範囲が広いため，吹付け工法が有効と考えられる．

3) 補修材料に求められる施工性能

充填工法を採用する場合，狭い型枠内において確実な充填を行うためには，高い流動性を有する自己充填性が必要となる．

また，型枠内の海水が排除できない場合には，高い分離抵抗性（粘調性）が必要となる．

②

劣化・損傷	Ⅰ群・主な外観の変状	Ⅱ群・補修工法
1) 塩害	E	ア，イ，ウ，オ，カ
2) 中性化	B	ア，イ，エ
3) アルカリシリカ反応	D	イ，オ
4) 凍害	A	ア，イ，オ
5) 化学的腐食	G	ア，イ，オ
6) 疲労（床版）	F	イ
7) 火害	C	ア

なお，本文中で説明していない脱塩，再アルカリ化および電気防食工法とは，以下のような工法である．

脱塩：仮設した外部電極とコンクリート中の鋼材との間に直流電流を流し，コ

ンクリート中の塩分をコンクリート外へ取り出す方法．

再アルカリ化：仮設した外部電極とコンクリート中との間に直流電流を流し，仮設鋼材に保持したアルカリ性溶液をコンクリート中に強制浸透させてアルカリ性を回復させる工法．

電気防食：コンクリート表面に陽極材を設置し，コンクリートを介して鋼材に防食電流を供給する工法．

○ 8 章
【解答例】
①
1) プレストレス導入工法，曲げ耐力，死荷重，曲げ剛性
2) 鉄筋の段落とし部，溶接部，溶接部
3) 長周期化，慣性力
4) 腐食，紫外線
5) RC 巻立工法，固有周期

②
　等分布荷重によるスパン中央部の曲げモーメント M_1 は，次式で求められる．
$$M_1 = \frac{\omega l^2}{8}$$
M_1 によって，下縁に作用する応力度 σ_1 は，
$$\sigma_1 = \frac{M_1}{Z_t} = \frac{\frac{\omega l^2}{8}}{\frac{l^3}{1\,000}} = \frac{125\omega}{l}$$
となる．

　また，外ケーブルの軸力 P により，下縁に作用する応力度 σ_2 は，
$$\sigma_2 = -\frac{Pe}{Z_t} - \frac{P}{A_c} = -\left(\frac{\frac{l}{50}}{\frac{l^3}{1\,000}} + \frac{1}{\frac{l^2}{30}}\right)P = -\left(\frac{20}{l^2} + \frac{30}{l^2}\right)P = -\frac{50P}{l^2}$$
となる．

ただし，符号は，引張りを正として取り扱う．

下縁に引張応力が発生しないためには，次の条件を満たす必要がある．

$$\sigma_1 + \sigma_2 = 0$$

したがって，上式より総緊張力 P を求めると，

$$P = 2.5\,\omega l$$

となる．

索 引

あ

アコースティック・エミッション
（AE）法 ················· 67, 71
アセットマネジメント ············ 54
アルカリ骨材反応 ······ 7, 10, 26, 60, 151
アルカリシリカゲル ··············· 44
アルカリシリカ反応 ········ 27, 44, 90, 102
アルカリ総量 ···················· 46
安全性 ······ 58, 91, 125, 127, 128,
130, 207, 215, 217

維持管理 ······ 5, 6, 7, 8, 9, 16, 27, 54, 56,
57, 60, 90, 94, 136, 204
維持管理区分 ················ 57, 61

ウォータージェット（WJ）工法
················ 138, 139, 140, 142, 224
打継ぎ ······················· 19, 22
運搬 ···························· 16
運搬・打込み ················· 19, 20

エマルジョン（乳濁液）タイプ ······· 148
塩害 ········· 27, 28, 33, 36, 39, 92, 94,
97, 102, 106, 151, 209, 225
塩化物イオン ····· 31, 33, 34, 35, 36, 37,
38, 39, 106, 107, 136, 211, 214
エントレインド・エア ············· 41

か

カイザー効果 ···················· 72
外的要因 ························ 92
化学的侵食 ················ 27, 47, 90

化学的劣化 ······················· 7
加速期 ··················· 94, 95, 120
可動支承 ······················· 192
かぶり ········ 7, 28, 31, 39, 47, 58, 66,
74, 77, 105, 106, 222, 224,
225, 226, 227
観察維持管理 ···················· 58
含水率 ················ 28, 29, 41, 42, 43

曲率 ······················ 121, 127
亀裂進展則 ······················ 49
緊急点検 ························ 60

健全度 ············· 72, 94, 122, 123, 169

構造性能 ············· 39, 114, 122, 125
構造的欠陥 ················ 114, 115
構造劣化 ······················· 114
鋼板接着工法 ·········· 170, 175, 178
鋼板巻立工法 ·········· 170, 189, 190
コールドジョイント ········ 12, 14, 20, 62
固定支承 ······················· 192
ゴム支承 ······················· 194
固有振動数 ············· 126, 129, 130

さ

再乳化形粉末樹脂 ··············· 148
材料の受入・管理 ················ 16
材料劣化 ············· 90, 91, 92, 125
左官工法 ················· 146, 148
酸性雨 ····················· 28, 138
サンドブラスト ················· 138

239

索　引

仕上げ ……………………………………… 19
事後維持管理 …………………………… 58
支承 ……………………………… 114, 115
自然電位法 …………………………… 79, 82
実効拡散係数 …………………………… 35
地盤沈下 ………………………… 90, 114, 115
締固め ………………………………… 19, 20
社会資本 ………………… 4, 5, 54, 55, 56
修正圧縮場理論 ……………………… 117
充填工法 …………………………… 146, 148
主桁増設工法 ……………………… 170, 175
主桁連結工法 ……………………… 170, 199
ジョイント ………………………… 198, 199
衝撃弾性波法 ………………………… 67, 70
詳細点検 ……… 10, 173, 204, 205, 208, 210, 215
詳細調査 ……………………………… 9, 60
使用性 ……………………………… 58, 91, 125
床版打換え工法 …………………… 170, 176
床版上面増厚工法 ………………… 170, 175
上面増厚工法 ………………………… 175
初期欠陥 ……………… 12, 13, 20, 60, 61, 219
初期点検 ……………………………… 60
ショットブラスト工法 ……………… 138
診断 ……… 12, 14, 57, 60, 64, 90, 91, 125, 130, 173, 204, 205
進展期 ………………………… 94, 120, 145
浸透圧説 ……………………………… 41
振動加速度 …………………………… 125

水圧説 …………………………………… 41
推移確率 ……………………………… 97, 99
砂すじ ………………………………… 12, 13

性能照査型設計 ……………………… 59
性能評価方法 ……………………… 57, 58
赤外線法 …………………………… 74, 82
セメントモルタル …………………… 148

線形累積被害則（マイナー則） ……… 50
潜伏期 ………………………………… 94, 120

早期劣化 ……………………………… 8, 12
損傷 ……… 9, 12, 60, 70, 82, 90, 114, 115, 116, 120, 145, 169, 172, 173, 187, 198

た

対策の要否の判定基準 ……………… 57
第三者影響度 ………………… 58, 91, 207
打音法 ………………………………… 72
たわみ ……………………… 120, 125, 126, 129
炭酸化 ……………………… 28, 30, 138
炭酸ガス ………………… 28, 29, 30, 102, 151
弾性波 ………………………………… 67, 71
弾性波伝播速度 …………………… 70, 71
炭素繊維シート（CFRP）接着工法
　　　　　　　　　　　　　　　… 170, 179
炭素繊維シート（CFRP）巻立工法
　　　　　　　　　　　　　　　… 170, 190
断面修復工法 ……… 137, 145, 146, 148, 150, 221, 223
断面力 ……………………………… 127, 128

中性化 ……… 27, 28, 30, 31, 90, 94, 95, 102, 136, 151, 163, 223
中性化速度係数 …………………… 31, 104, 105
中性化残り …………………………… 31, 105, 109
中性化深さ ………………… 31, 103, 104, 105, 139, 142, 157
注入工法 ………………… 159, 161, 163, 164
超音波共振法 ………………………… 68
超音波伝播速度 …………………… 69, 70
超音波法 ……………………………… 67
直角回折波法 ………………………… 67

索　引

定期点検 ……………… 60, 61, 136, 204
デジタルカメラ法 ………………… 81, 82
テストハンマー ……………………… 64
鉄筋コンクリート（RC）巻立工法
　　　　　　　　　　　　　…… 170, 189
鉄筋補強上面増厚工法 …………… 175
電気泳動 …………………………… 35
電気化学的方法 …………………… 78
点検 ………… 9, 54, 58, 92, 106, 109,
　　　　　　　　　　　　　169, 208
点検計画 …………………………… 57
電磁波 ……………………………… 74
電磁波速度 ………………………… 77
電磁誘導法 …………………… 66, 107

凍害 ………………… 27, 41, 90, 151
凍結水量 …………………………42, 43
凍結融解 …………………………7, 42, 43

な

日常点検 ……… 9, 60, 61, 204, 205, 208,
　　　　　　　　　　　　　209, 215

練混ぜ ……………………………… 16

は

破壊エネルギー ……………… 116, 117
はく落 …… 28, 48, 58, 62, 91, 115, 136,
　　　　　　　145, 151, 215, 221, 226
はつり工法 …………………… 138, 139
ハロゲンイオン …………………… 33
ハンドブレーカー工法 …………… 138
反発硬度 ………………………… 64, 65

光ファイバセンシング法 ……… 64, 83
美観・景観 ………………… 59, 91, 95, 164

引張軟化曲線 ………………… 116, 118
非破壊検査 ……………… 64, 173, 229
ひび割れ …… 12, 13, 20, 21, 28, 33, 37,
　　　　39, 41, 44, 45, 47, 49, 50, 67, 72,
　　　　74, 82, 83, 91, 93, 106, 114, 116,
　　　　118, 120, 131, 136, 145, 153, 155,
　　　　159, 161, 164, 173, 179, 215, 226
ひび割れ開口変位 ……………… 116
ひび割れ注入工法 ……… 137, 159, 163
ひび割れ追従性 ………………… 152
ひび割れ密度 …………………… 120, 121
比誘電率 ……………………………… 77
標準調査 …………………………… 60
氷点降下 …………………………… 42
表面処理工法 …………… 137, 138, 139
表面被覆工法 …… 137, 151, 153, 154,
　　　　　　　　　156, 221, 222, 225
飛来塩分 ……………………… 33, 90
疲労 ………………… 27, 114, 115, 120
疲労破壊 ……………………… 114, 130
ピン支承 …………………………… 194

フェノールフタレインアルコール溶液
　　　　　　　　　　　　　………… 103
吹付け工法 …………………… 146, 148
腐食 ………… 7, 28, 36, 37, 78, 80, 87,
　　　　　　　105, 106, 151, 217, 226
腐食発錆限界塩化物イオン濃度 …… 36
腐食発生限界塩分量 ……………… 36
不動態 ……………………………… 28
不動態被膜 ………………………… 28
フリーデル氏塩 …………………… 34
プレストレス導入工法 ……… 170, 180
分極抵抗法 ………………………… 80

ベアリングプレート支承 ………… 194
変状 ………………………… 12, 60, 92

索　　引

補強 …… 8, 9, 10, 62, 90, 168, 169, 210
補修 …… 8, 9, 10, 62, 90, 168, 210, 214
ポリマーセメントモルタル ……… 148, 156
ポリマーモルタル ………………………… 149

ま

マクロセル腐食 …………… 33, 37, 38, 39
曲げ剛性 ……………………………… 122, 126
曲げモーメント ……………………………… 121
豆板 …………………………………………… 12, 67
マルコフ過程 …………………………………… 97

見かけの拡散係数 …… 35, 36, 102, 103, 106, 108
ミクロセル腐食 ……………………………… 37

無機系表面被覆工法 ……………………… 155

免震支承 …………………………… 189, 193, 194
免震支承取替え工法 ……………… 170, 192

や

有機系表面被覆工法 …………… 152, 153
有効水結合材比 …………………………… 104
融氷剤 ………………………………………… 33

養生 ………………………………… 19, 21, 22
予防維持管理 ………………………………… 58

ら

ライフサイクルコスト（LCC）
　………………………… 9, 54, 56, 136
硫酸 …………………………………………… 48

臨時点検 ……………………………… 60, 61
レーダ法 ……………………………… 74, 82
劣化 ……… 7, 12, 14, 26, 44, 58, 60, 90, 93, 94, 114, 118, 125, 145, 150, 151, 169, 172, 208, 209
劣化因子遮断法 …………………………… 152
劣化期 ……………………………… 94, 120, 145
劣化機構 …… 57, 58, 92, 93, 94, 95, 97, 102, 108, 137, 145, 150
劣化機構の推定 …………………………… 54, 92
劣化度 ……………………… 94, 119, 120, 121
劣化予測 …… 54, 92, 93, 102, 107, 109, 204, 209, 210, 217
劣化予測方法 ……………………………… 57, 58

ローラー支承 ……………………………… 194

英字

ASR ……………………………… 44, 45, 46
BOTDRセンサ ……………………………… 83
CBI（Concrete Beam Integrity）比
　……………………………………………… 72
CFRP接着工法 …………… 170, 179, 189
CFRP巻立工法 …………………… 190, 192
FBGセンサ ………………………………… 83
Fickの第2法則 …………………………… 35
OSMOSセンサ …………………………… 83
SOFOセンサ ……………………………… 83
X線 ……………………………………… 74, 75
X線法 ……………………………………… 74

その他

$\sqrt{t}$則 ……………………………… 31, 103

〈編者略歴〉

魚 本 健 人（うおもと　たけと）
- 1971年　東京大学工学部土木工学科卒業
- 1978年　大成建設株式会社退職
    　　　東京大学生産技術研究所助手
- 1981年　東京大学生産技術研究所助教授
- 1992年　東京大学生産技術研究所教授
- 2007年　東京大学生産技術研究所退職
- 現　在　東京大学名誉教授
    　　　芝浦工業大学工学部土木工学科教授

加 藤 佳 孝（かとう　よしたか）
- 1986年　東京大学工学部土木工学科卒業
- 1987年　東京大学大学院工学系研究科社会基盤工学専攻修士課程中途退学
- 1995年　東京大学生産技術研究所助手
- 2000年　国土交通省　国土技術政策総合研究所研究官
- 2002年　東京大学生産技術研究所　都市基盤安全工学国際研究センター講師
- 現　在　東京大学生産技術研究所　都市基盤安全工学国際研究センター准教授

- 本書の内容に関する質問は，オーム社出版部「（書名を明記）」係宛，書状またはFAX（03-3293-2824）にてお願いします．お受けできる質問は本書で紹介した内容に限らせていただきます．なお，電話での質問にはお答えできませんので，あらかじめご了承ください．
- 万一，落丁・乱丁の場合は，送料当社負担でお取替えいたします．当社販売管理部宛お送りください．
- 本書の一部の複写複製を希望される場合は，本書扉裏を参照してください．

JCLS ＜(株)日本著作出版権管理システム委託出版物＞

コンクリート構造診断工学

平成 20 年 7 月 20 日　　第 1 版第 1 刷発行

編　　者　魚本健人　加藤佳孝
発 行 者　竹生修己
発 行 所　株式会社オーム社
　　　　　郵便番号　101-8460
　　　　　東京都千代田区神田錦町3-1
　　　　　電話　03(3233)0641(代表)
　　　　　URL　http://www.ohmsha.co.jp/

© 魚本健人・加藤佳孝 2008

印刷　エヌ・ピー・エス　　製本　司巧社
ISBN978-4-274-20570-5　Printed in Japan

大学土木シリーズ

大学土木系学科の標準的なカリキュラムにそったセメスタ制に最適の教科書です。これからの土木技術を支える基礎事項を考慮して盛り込む内容を厳選してコンパクトにまとめました。学ぶ立場に立って、わかりやすい説明と工夫された紙面構成で楽しく学べます。

大学土木 道路工学（改訂2版）

多田宏行 編
多田宏行・中村俊行
稲垣竜興・栗谷川裕造 共著
（A5判・208頁）

［目次］
生活と道路／道路交通／道路の種類と管理／道路の設計／舗装の機能と種類／舗装の構造／排水施設／道路の付属施設／維持修繕

大学土木 土木材料

町田篤彦 編
町田篤彦・関 博
薄木征三・増田陳紀
姫野賢治 共著
（A5判・188頁）

［目次］
総論／金属材料／セメント・コンクリート／アスファルト材料／高分子材料／木材

大学土木 水環境工学（改訂2版）

松尾友矩 編
田中修三・安田正志
田中和博・長岡 裕
土佐光司 共著
（A5判・258頁）

［目次］
水環境の基礎科学／上水道／下水道／水環境計画と水環境技術

大学土木 河川工学

玉井信行 編
浅枝 隆・鈴木 篤
玉井信行・西川 肇
戸田 実 共著
（A5判・204頁）

［目次］
河川と社会／河川技術の基礎／川と治水／川と利水／川と環境

好評発売中
- 大学土木 鉄筋コンクリート工学（改訂2版）
- 大学土木 水理学
- 大学土木 土質力学

もっと詳しい情報をお届けできます。
◎書店に商品がない場合または直接ご注文の場合も右記宛にご連絡ください。

ホームページ http://www.ohmsha.co.jp/
TEL/FAX TEL.03-3233-0643 FAX.03-3293-6224

ハンディブック 土木

改訂2版

粟津清蔵 監修・A5判・664頁

初学者でも土木の基礎から実際まで全般的かつ体系的に理解できるよう，項目毎の読み切りスタイルで，わかりやすく，かつ親しみやすくまとめている．第1版の内容に加え，完全SI化や関連諸法令の改正に伴う見直しを行い，さらに，環境やリサイクル，技術倫理などの最新のトピックスを充実させている．

主要目次

第1編　土木に必要な数字
第1章 数学の基礎／第2章 図形と方程式／第3章 ベクトル・行列／第4章 微分法・積分法

第2編　応用力学
第1章 材料の強さ／第2章 力のつりあい／第3章 はり／第4章 部材断面の性質／第5章 はりの設計／第6章 柱／第7章 トラス／第8章 はりのたわみと不静定ばり

第3編　地盤力学
第1章 土の生成と地盤の調査／第2章 土の基本的な性質／第3章 土の透水性／第4章 地中の応力／第5章 土の圧密／第6章 土の強さ／第7章 土　圧／第8章 土の支持力／第9章 斜面の安定／引用・参考文献

第4編　水理学
第1章 静水圧／第2章 水の運動／第3章 管水路／第4章 開水路／第5章 オリフィス・せき・ゲート／引用・参考文献

第5編　測　量
第1章 測量の基礎／第2章 平板測量／第3章 トランシット測量／第4章 水準測量／第5章 面積・体積の計算／第6章 三角測量／第7章 地形測量／第8章 路線測量／第9章 写真測量／第10章 これからの測量技術／参考文献

第6編　土木材料
第1章 木　材／第2章 石　材／第3章 金属材料／第4章 歴青材料／第5章 セメント／第6章 コンクリート／第7章 その他の土木材料／参考文献

第7編　鉄筋コンクリート
第1章 許容応力度設計法／第2章 限界状態設計法／第3章 コンクリート構造物の劣化と補修

第8編　鋼構造
第1章 鋼構造の概要／第2章 部　材／第3章 部材の接合／第4章 プレートガーダー橋の設計／第5章 トラス橋の設計／その他の橋／引用・参考文献

第9編　土木施工
第1章 土　工／第2章 コンクリート工／第3章 基礎工／第4章 舗装工／第5章 トンネル工／第6章 上下水道工／第7章 その他の施工技術

第10編　土木施工管理
第1章 施工管理と工程図表／第2章 品質・原価・安全の管理／第3章 土木施工関連法規

第11編　土木計画
第1章 これからの国土計画／第2章 交　通／第3章 治　水／第4章 利　水／第5章 都市計画／第6章 環境保全と防災／引用・参考文献

第12編　農業土木
第1章 農業水利／第2章 かんがい／第3章 農地の排水／第4章 農地の造成／第5章 農地の整備と保全／第6章 地域開発と農村整備／引用・参考文献

第13編　環境世紀と社会資本
第1章 わが国の社会資本整備／第2章 土木技術者の倫理／第3章 循環型社会の構築／第4章 地球と企業と私たちのためのISO／第5章 新しい建設技術／引用・参考文献

もっと詳しい情報をお届けできます．
○書店に商品がない場合または直接ご注文の場合は右記宛にご連絡ください．

ホームページ　http://www.ohmsha.co.jp/
TEL／FAX　TEL.03-3233-0643　FAX.03-3293-6224

ハンディブック建築 改訂2版

渡辺仁史 監修・A5判・486頁

　初学者でも建築の基礎から実際まで全般的かつ体系的に理解できるよう、項目毎の読み切りスタイルで、わかりやすく、かつ親しみやすくまとめた「ハンディブック建築」の改訂版。

　現行版の内容に加え、関連諸法令の改正に伴う見直しや環境重視、情報化（IT）という社会の流れに対応し、完全SI化した。

　建築学の入門者にとって興味のある部分と正しい知識を伝えるもの。

本書の特長・活用法

1　どこから読んでもすばやく理解できます！
　　テーマごとのページ区切り、［ポイント］［解説］［関連事項］の順に要点をわかりやすく解説．記憶しやすく、復習にも便利です．

2　実力養成の最短コース，これで安心！試験勉強の力強い助っ人！
　　繰り返し、読んで覚えて、これだけで安心．［試験に出る］［例題］［必ず覚えておく］を随所に設けました．

3　将来にわたって，必ず役立ちます！
　　各テーマを基礎から応用までしっかり解説．新情報、応用例などを［知っておくと便利］［応用知識］でカバーしています．

4　プロの方でも毎日使える内容！
　　若い技術者のみなさんが、いつも手もとに置いて活用できます．［実務に役立つ］［トピックス］などで、必要な情報、新技術をカバーしました．

5　キーワードへのアクセスが簡単！
　　キーワードを本文左側にセレクト．その他の用語とあわせて索引に一括掲載し、便利な用語事典として活用できます．

6　わかりやすく工夫された図・表を豊富に掲載！
　　イラスト・図表が豊富で、親しみやすいレイアウト．読みやすさ、使いやすさを工夫しました．

もっと詳しい情報をお届けできます．
◎書店に商品がない場合または直接ご注文の場合も右記宛にご連絡ください．

ホームページ　http://www.ohmsha.co.jp/
TEL／FAX　TEL.03-3233-0643　FAX.03-3293-6224

D-0410-40